Nichtlineare Phänomene und Selbstorganisation

Von Dr. rer. nat. habil. Reinhard Mahnke
Doz. Dr. rer. nat. habil. Jürn Schmelzer
Prof. Dr. rer. nat. habil. Gerd Röpke
Universität Rostock

Mit zahlreichen Figuren

B.G.Teubner Stuttgart 1992

Dr. rer. nat. habil. Reinhard Mahnke

Geboren 1952 in Rostock i. Mecklenburg. Von 1971 bis 1976 Studium der Physik an der Universität Rostock, 1980 Promotion, 1982/83 Zusatzstudium an der Mathematisch-Physikalischen Fakultät der Universität Riga/Lettland und Habilitation 1990 an der Universität Rostock. Lehraufträge für Lehrerstudenten und Spezialvorlesungen zu „Nichtlinearen dynamischen Systemen" und zur „Theorie stochastischer Prozesse".

Arbeitsgebiete: Theorie nichtlinearer dynamischer Systeme, Phasenübergänge, Nukleationstheorie.

Dozent Dr. rer. nat. habil. Jürn Schmelzer

Geboren 1951 in Grevesmühlen (Mecklenburg). Von 1970 bis 1975 Studium der Physik an der Universität Odessa, Ukraine, Promotion 1979 an der Universität Rostock und Habilitation 1985 in Rostock. Studien- und Forschungsaufenthalte in Sofia (1984), Oxford (1985), Gastprofessor in Addis Abeba, Äthiopien (1985 bis 1987).

Arbeitsgebiete: Thermodynamik von Oberflächeneffekten, Kinetik der Phasenumwandlungen, Nichtlineare dynamische Systeme.

Professor Dr. rer. nat. habil. Gerd Röpke

Geboren 1941 in Quedlinburg/Harz. Von 1959 bis 1964 Studium an der Universität Leipzig und Promotion 1966. Von 1966 bis 1977 wiss. Oberassistent an der Technischen Universität Dresden und 1973 Dr. sc. nat. Seit 1977 Dozent, später ord. Professor für Theoretische Physik an der Universität Rostock.

Arbeitsgebiete: Quantenstatistik, Plasmaphysik, Subatomare Physik, Theorie des Nichtgleichgewichts.

Die Deutsche Bibliothek – CIP-Einheitsaufnahme

Mahnke, Reinhard:
Nichtlineare Phänomene und Selbstorganisation / von Reinhard
Mahnke ; Jürn Schmelzer ; Gerd Röpke. – Stuttgart : Teubner,
1992
(Teubner-Studienbücher : Physik)
ISBN 978-3-519-03089-8 ISBN 978-3-322-94778-9 (eBook)
DOI 10.1007/978-3-322-94778-9

NE: Schmelzer, Jürn:; Röpke, Gerd:

Umschlagentwurf: P.P.K,S-Konzepte T. Koch, Ostfildern/Stuttgart

Vorwort

Nichtlineare Phänomene und die aus Nichtlinearitäten resultierenden Möglichkeiten und Formen der Strukturbildung, der Selbstorganisation und kooperativen Effekte sind in den letzen 20 – 30 Jahren verstärkt in den Blickpunkt der wissenschaftlichen Analyse gerückt. Die Resultate dieser Analyse sind vielfältig, zum Teil ungewohnt und beeinflussen praktisch alle Wissensbereiche in einem Maße, daß sie darüber hinaus in der breiten Öffentlichkeit auf zunehmendes Interesse stoßen. Als einige Stichwörter in diesem Zusammenhang seien solche Begriffe wie dissipative Strukturen, Synergetik, Bifurkationstheorie, Chaos in deterministischen Systemen, Fraktale, Spingläser und Mustererkennung zelluläre Automaten genannt.

Bei der Analyse hat sich weiter herausgestellt, daß zum Teil unabhängig von den Spezifika der untersuchten Systeme – ob in der Physik, Chemie, Biologie oder auch im Bereich der Soziologie – bei Existenz bestimmter Bedingungen qualitativ gleichartige Phänomene zu beobachten sind. Dies gibt die Möglichkeit, ausgehend von relativ einfachen Modellsystemen allgemeine Verhaltensweisen nichtlinearer Systeme zu studieren. Die Resultate können dann zumindest als Denkmöglichkeiten zur Untersuchung komplexer Systeme herangezogen werden und die bisher weitgehend an Verhaltensweisen linearer Systeme geschulte Intuition erweitern.

Ausgehend von der wachsenden Bedeutung dieses Problemkreises für zahlreiche Wissenschaftsdisziplinen haben die Autoren im Studienjahr 1991/92 einen Vorlesungszyklus für Interessenten aus allen Fachbereichen der Mathematisch-Naturwissenschaftlichen Fakultät der Universität Rostock zu diesen Themen gehalten. Das Ziel sowohl dieser

Vorlesungen, Seminare und Demonstrationen am Computer als auch dieses Buches besteht darin, die grundlegenden Begriffe und Methoden einzuführen, die für das Studium nichtlinearer Phänomene notwendig sind. Des weiteren werden die faszinierenden Effekte und Eigenschaften nichtlinearer Systeme an einfachen Modellbeispielen ausführlich erläutert und darauf aufbauend gezeigt, wie derartige Nichtlinearitäten die Eigenschaften verschiedener realer Systeme beeinflussen.

Insbesondere werden diskrete und kontinuierliche dynamische Systeme, Grundideen der Synergetik und die notwendigen thermodynamischen Bedingungen für Strukturbildung, das Kolmogorov – Arnold – Moser – Theorem und einige Anwendungen in Bezug auf die Struktur des Sonnensystems, Probleme der Evolution des Universums, die Entstehung der chemischen Elemente, ihre Verteilung und Häufigkeit, stochastische Prozesse, Reversibilität, Irreversibilität und Strukturbildung, Evolutionsprozesse in chemischen und biologischen Systemen, die Keimbildung und Aggregation fraktaler Cluster, Selektion, Konkurrenz und zelluläre Automaten diskutiert.

Das Buch ist als Einführung gedacht, für Interessenten wird zur Vertiefung weiterführende Literatur angegeben.

Die Autoren bedanken sich bei Prof. K. Langanke, Universität Münster für seinen Beitrag zur Elementsynthese in den Frühstadien der Evolution des Weltalls, bei den Herrn H. Urbschat, P. Kappertz, G. Börger, J. Weiß (Universität Oldenburg) für vielfältige Hilfe, bei J. Schmelzer, jn. für die Anfertigung einer Reihe von Illustrationen zum Text und nicht zuletzt bei zahlreichen Studenten, genannt seien Jana Köppen, Ulrike Dicke, J. Weiß und B. Fechtner, für ihr andauerndes Interesse.

Rostock, im Juli 1992

Reinhard Mahnke
Jürn Schmelzer
Gerd Röpke

Inhaltsverzeichnis

Kapitel 1

Einleitung

1.1 Einführung

Die Naturwissenschaft Physik, die den Kausalzusammenhang zwischen Ursache und Wirkung mathematisch beschreibt, hat mit linearen und nichtlinearen Gesetzmäßigkeiten zu tun.

Lineares Verhalten: $y - y_0 = a(x - x_0)$ mit $a = \text{const}$

Beispiele für lineare Gesetze sind:

Harmonischer Oszillator: $F = -ax$
Die Kraft F hängt linear mit der Auslenkung zusammen.

Ideales Gas: $pV = nRT$
Bei konstantem Volumen V wächst der Druck p linear mit der Temperatur T an.

Das lineares Verhalten ist begrenzt auf idealisierte Spezialfälle mit Lehrbuchcharakter, wie z.B. das mathematische Pendel bei kleinen Auslenkungen.

Der allgemeine Fall ist das nichtlineare Verhalten. Schon das mathematische Pendel für beliebige, insbesondere große Auslenkungen, besitzt eine nichtlineare Bewegungsgleichung.

Eine verbreitete Methode zur Behandlung nichtlinearer Systeme besteht in der Störungstheorie, die einen Versuch darstellt, nichtlineare Zusammenhänge wieder mit linearen Gleichungen zu beschreiben. Sie ist folglich nur ein Näherungsverfahren.

Bei kleinen Auslenkungen aus einer Gleichgewichtslage kann das System durch lineare Gleichungen beschrieben werden, d.h. es wird eine Entwicklung nach Normalschwingungen (Normalmoden) um die Ruhelage vorgenommen.

Von besonderer Bedeutung sind Beispiele, für die geschlossene Lösungen angegeben werden können.

Nichtlineares Verhalten: $y = f(x)$ komplizierter Zusammenhang

- strenge mathematische Lösung schwierig, nur für wenige Beispiele bekannt (z.B. Korteweg-de Vries-Gleichung)

- Verwendung der Rechentechnik

- Simulationsmethoden

Neue Phänomene:

- Solitonen
- Chaos
- Fraktale
- Turbulenz (Wetter ...)

1.2 Unsere Welt ist nichtlinear

Die Entwicklung der Naturwissenschaften läßt sich in verschiedene Epochen einteilen. Ein mögliches Schema lautet:

Unsere Welt ist ...

- mechanisch (Leibniz, Lagrange, Hamilton, ...)

- relativistisch (Einstein, ...)
- quantenhaft (Bohr, Heisenberg, ...)

Unsere These lautet:

Nichtlinearitäten sind in vielen Gebieten von Bedeutung

Die nichtlineare Physik ist überall

Wie schon erwähnt, ist schon das bekannte Lehrbuchbeispiel des mathematischen Pendels ein nichtlineares System. Die Bewegungsgleichung

$$\ddot{\alpha} + \omega_0^2 \sin\alpha = 0$$

enthält die nichtlineare Funktion $\sin\alpha$.

Unsere Welt ist ...

- evolutionär
- komplex
- strukturiert.

Zur Beschreibung unser sich in Entwicklung begriffenen Welt wird eine *Physik der Selbstorganisation und Evolution* benötigt.

Diese neue Richtung der Physik offener Systeme ist unter dem Namen *Synergetik* bekannt.

Isolierte Systeme zeigen aufgrund des 2. Hauptsatzes der Thermodynamik (Entropiewachstum) die Tendenz zur Unordnung in Richtung auf das thermodynamische Gleichgewicht. Beispiele sind die irreversible Ausdehnung eines Gases und die Diffusion. Offene, von außen angetriebene Systeme, zeigen eine große Vielfalt bei der Herausbildung von geordneten Strukturen. Beispiele für Strukturbildungsmechanismen zeigen die folgenden Abbildungen.

Fig. 1.1 Ausrichtung von Elementarmagneten durch ein äußeres Feld

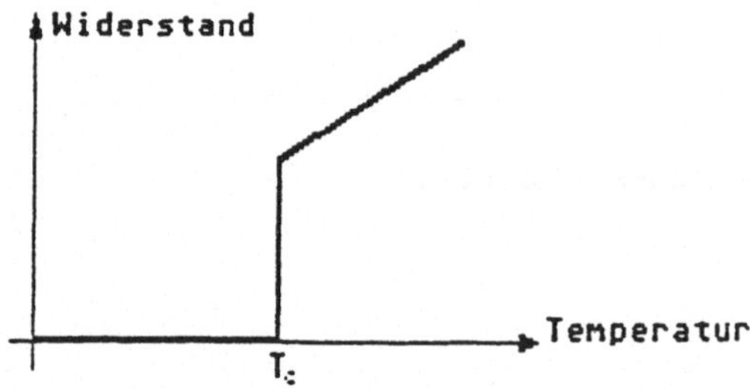

Fig. 1.2 Elektrischer Widerstand eines Supraleiters als Funktion der Temperatur

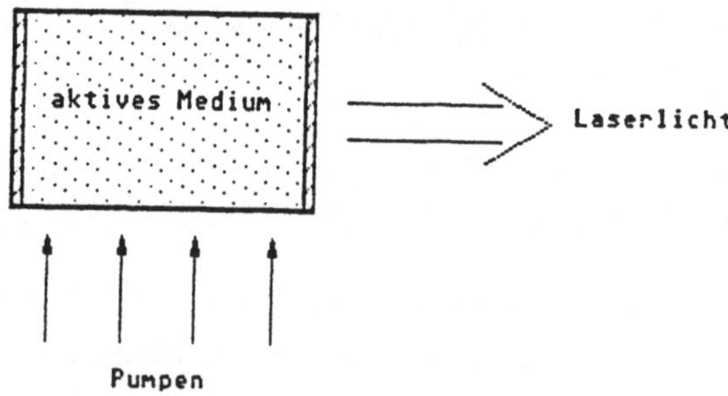

Fig. 1.3 Prinzip des Lasers

1.3 Chaos und Ordnung

Chaos

- Antikes Griechenland: Unendlicher leerer Raum, der existierte vor allen Dingen
- Antikes Rom: Rohe, formlose Masse
- Moderne Auffassung: Unordnung, Irregularität

Ordnung in der Physik

- Erklärung der Vielzahl physikalischer Prozesse und Erscheinungen ausgehend von den Eigenschaften weniger elementarer Teilchen (60–70 Teilchen) und der fundamentalen Wechselwirkungen zwischen ihnen (4 Typen von Kräften)
- Regulärer Aufbau der kristallinen Festkörper, die als periodische Wiederholung im Raum einer Elementarzeile verstanden werden können
- Determinismus: Eindeutige Bestimmung des Zustandes eines System für $t > t_0$ aus dem Zustand zur Zeit $t = t_0$

Beispiele:

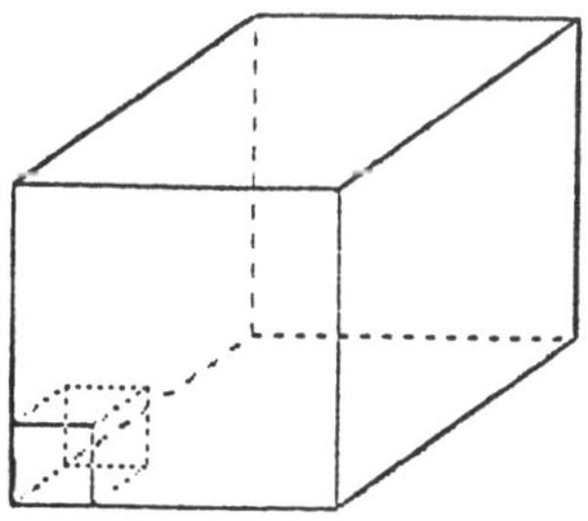

Fig. 1.4 Ordnung in der Physik: Ein Kristall kann als periodische räumliche Wiederholung einer Elementarzelle verstanden werden

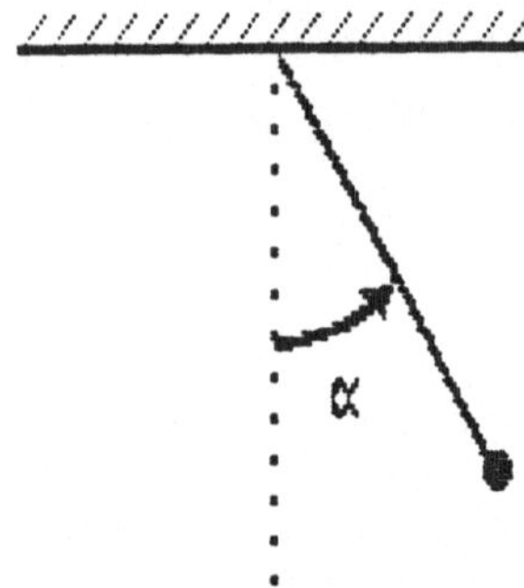

Darstellung der Bewegung in der Phasenebene $(\alpha, \dot{\alpha}/\omega_0)$

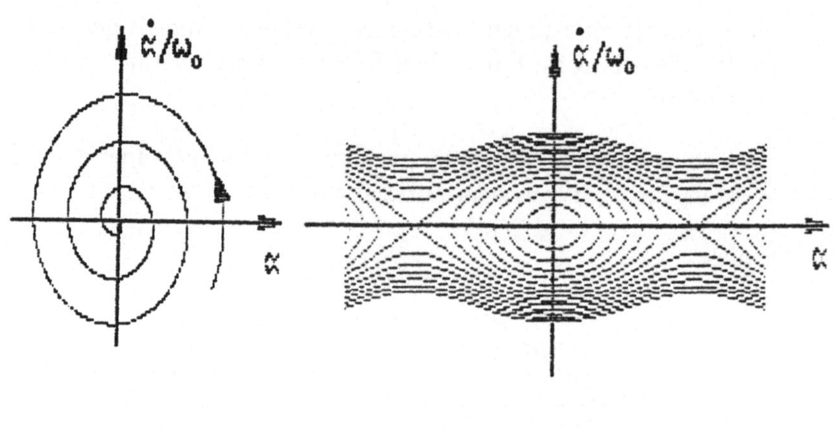

mit Reibung ohne Reibung

Fig. 1.5 Ordnung in der Physik: Die Bewegung eines mathematischen Pendels ist eindeutig durch die Anfangsbedingungen bestimmt

Ein mathematisches Pendel strebt unter Einfluß von Reibungskräften dem Nullpunkt in der Phasenebene zu. Derartige Punkte oder Mengen von Punkten, die vom System im Verlaufe der Zeit angelaufen werden, heißen Attraktoren. Ist der Attraktor ein Punkt, so heißt er Fixpunkt (singulärer Punkt, stationärer Punkt). Ein zweiter Typ von Attraktoren entspricht selbsterregten Schwingungen, d.h. Schwingungen, die nicht von den Anfangsbedingungen abhängen und durch die Struktur des Systems determiniert sind. Sie sind charakterisiert durch geschlossene Kurven im Phasenraum und werden als Grenzzyklen bezeichnet.

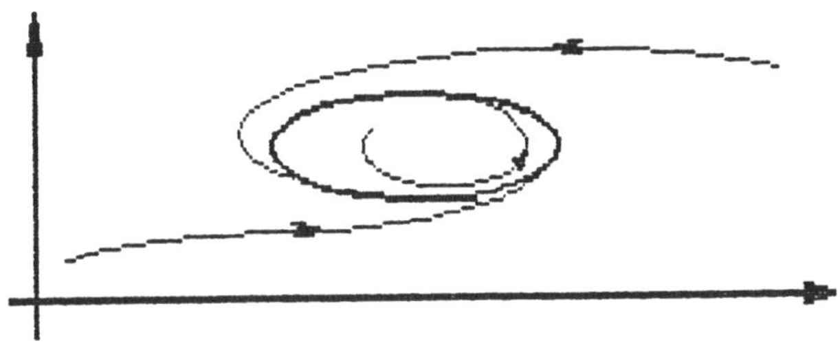

Fig. 1.6 Darstellung eines Grenzzyklus im Phasenraum

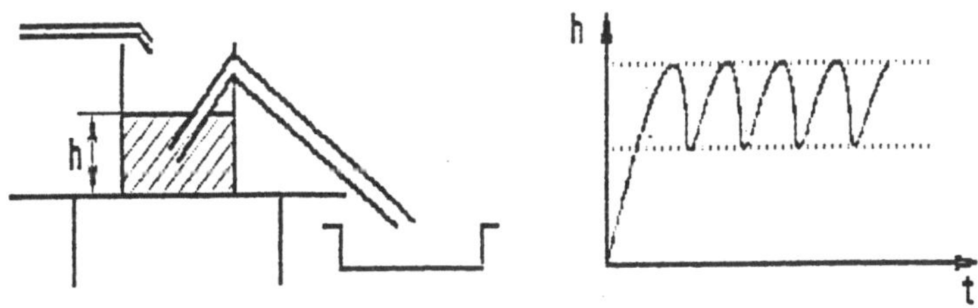

Fig. 1.7 Mechanisches System, das eine Schwingung vom Grenzzyklustyp realisiert

Im Phasenraum kann es gleichzeitig mehrere Attraktoren geben, wobei in Abhängigkeit von den Anfangsbedingungen entweder der eine oder der andere Attraktor angelaufen wird. Die entsprechenden Gebiete im Raum der Anfangsbedingungen bezeichnet man als Einzugsbereiche der Attraktoren.

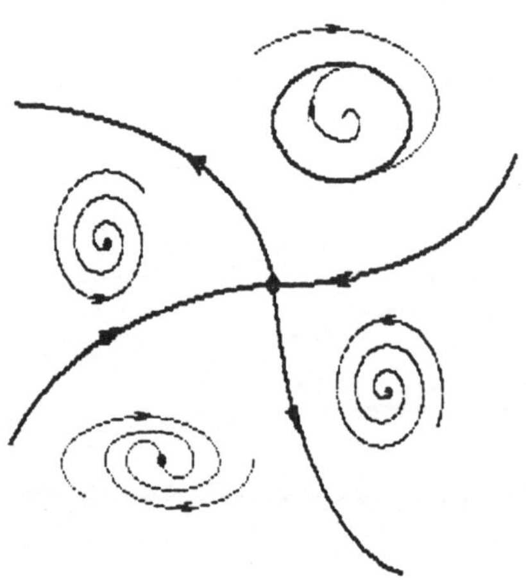

Fig. 1.8 Attraktoren und ihre Einzugsbereiche

Für höherdimensionale Systeme können Verallgemeinerungen dieser Typen von Attraktoren auftreten, z.B. Bewegungen auf Tori. Lange wurde allgemein angenommen, daß derartige Typen von Attraktoren mit Einzugsbereichen, deren Grenzen aus einfachen Linien oder Flächen bestehen, alles ist an Verhaltensweisen, was man erwarten kann.

Bereits POINCARE und EINSTEIN wiesen jedoch darauf hin, daß wesentlich kompliziertere Situationen möglich sind, so daß ganze Gebiete im Phasenraum existieren können, in denen unmittelbare benachbarte Trajektorien exponentiell divergieren. Ein derartiges Verhalten wird heute beschrieben durch den Begriff deterministisches Chaos.

Deterministisches Chaos

- Es existiert eine Vorschrift, die eine oder eines Satz physikalischer Größen zum Zeitpunkt $t + \delta t$ eindeutig aus den entsprechenden Werten zum Zeitpunkt t berechnen läßt.

- Zunächst benachbarte Trajektorien divergieren exponentiell.

Das Maß für die exponentielle Divergenz zunächst benachbarter Trajektorien ist der sogenannte Ljapunovkoeffizient (oder die Menge der positiven Ljapunovkoeffizienten).

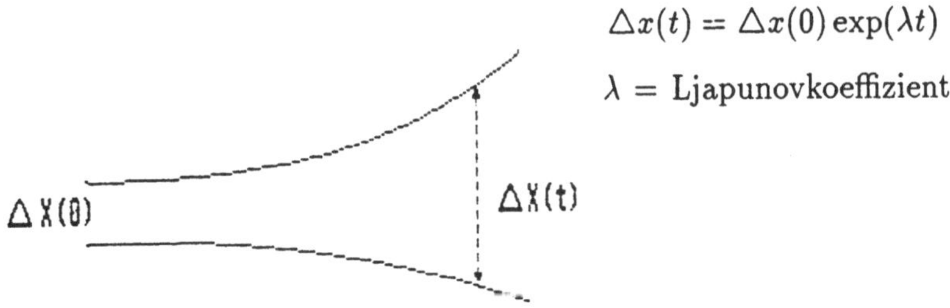

Fig. 1.9 Illustration eines möglichen Verhaltens benachbarter Trajektorien, wobei Δx ein Maß für deren Abstand ist

Ordnung in der Mathematik

Geometrie: Linien, Flächen, Körper können aus elementaren Grundelementen aufgebaut werden.

Die Länge L einer Kurve, die Oberfläche A einer Fläche, das Volumen V eines Körpers haben endliche Werte.

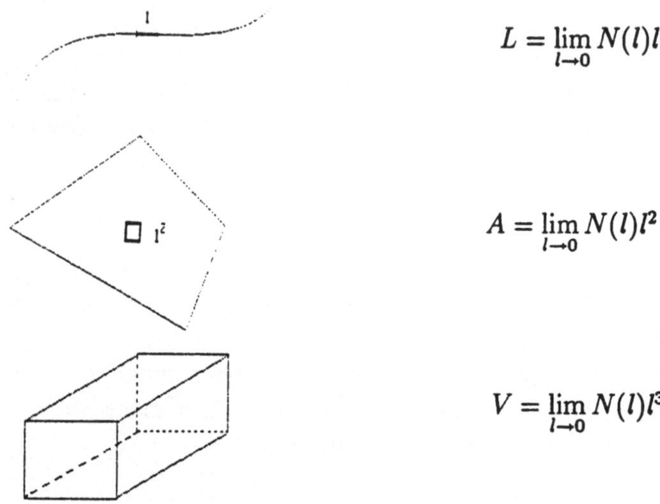

Fig. 1.10 Veranschaulichung des Prinzips der Bestimmung von Länge, Oberfläche und Volumen regulärer Objekte

Problem: Es gibt z.B. Linien, die keine endliche Länge haben.

Analysis: Ableitung einer Funktion

$$y' = \lim_{\Delta x \to 0} \frac{\Delta y}{\Delta x}$$

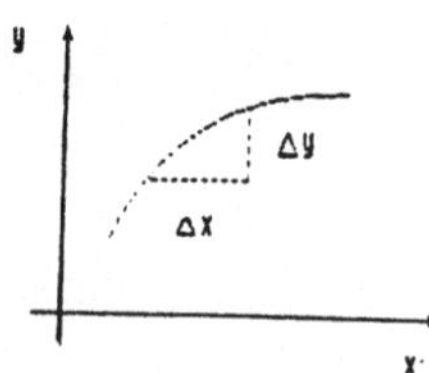

Fig. 1.11 Bestimmung der Ableitung einer Funktion

Bekannt: Es gibt Funktionen, die in einer endlichen Zahl von Punkten unstetig bzw. stetig, aber nicht differenzierbar sind.

Problem: Es existieren Funktionen, die in jedem Punkt stetig, aber nirgends differenzierbar sind ("Mathematische Monster", z.B. die Kochkurve).

1.4 Chaotisches Verhalten in deterministischen Systemen

Das logistische Wachstumsgesetz

$$X_{n+1} = rX_n(1 - X_n)$$

Für Werte von $0 < r \leq 4$ und Anfangswerte im Bereich $0 < X < 1$ bleibt die Bewegung auf dieses Intervall beschränkt. Hierbei können als Attraktoren Fixpunkte, Grenzzyklen (Oszillationen mit Perioden 2^n) und seltsame Attraktoren (strange attractors) auftreten, die weder Fixpunkte noch Grenzzyklen sind. Die Bewegung auf diesen seltsamen Attraktoren ist durch exponentielle Divergenz benachbarter Trajektorien charakterisiert.

Eine erste Verallgemeinerung:

$$X_{n+1} = rX_n(1 - X_n) + (r - 1)Y_n$$

$$Y_{n+1} = rY_n(1 - Y_n) + (r - 1)X_{n+1}$$

Mögliche Typen von Attraktoren, die für verschiedene Werte des Parameters r angelaufen werden, sind in den folgenden Abbildungen gezeigt. Für den Parameterwert $r = 1.8252$ ist ein Ausschnitt vergrößert worden, um die komplexe Struktur des seltsamen Attraktors zu zeigen.

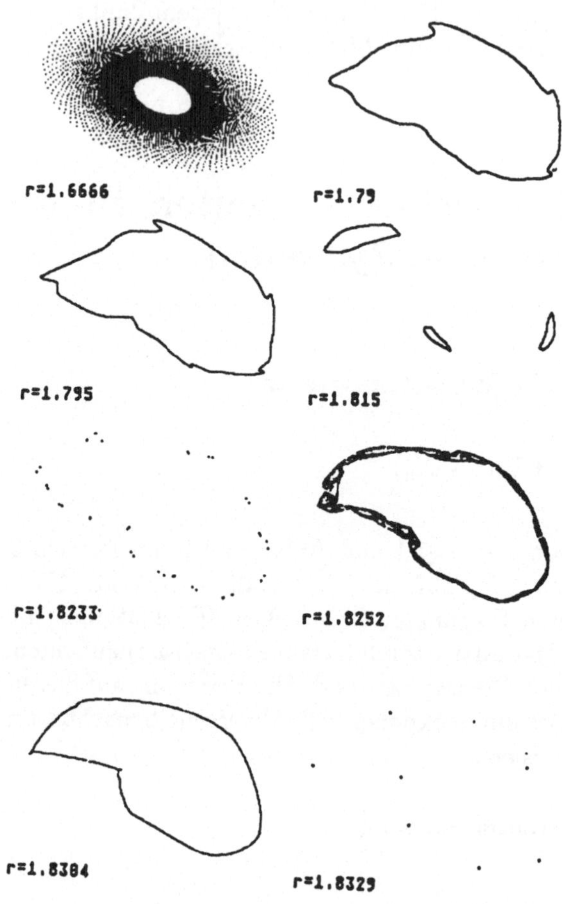

Fig. 1.12 Mögliche Attraktoren für verschiedene Parameterwerte (Möller, Schmelzer, 1991)

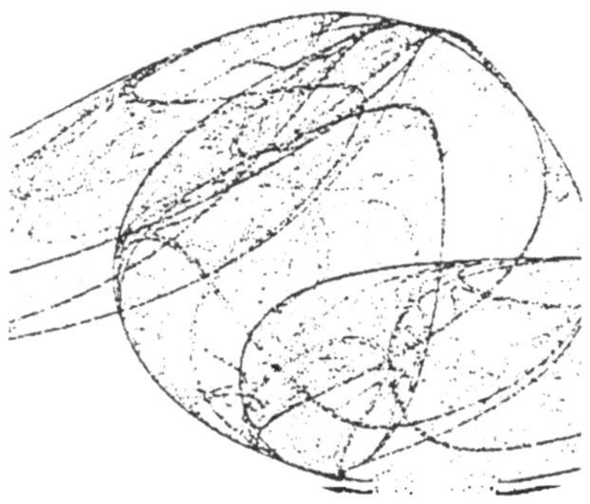

Fig. 1.13 Ausschnitt aus einem chaotischen Attraktor (Möller, Schmelzer, 1991)

Fig. 1.14 Die Einzugsbereiche verschiedener chaotischer Attraktoren, charakterisiert durch unterschiedliche Farbschattierungen, sind eng ineinander verwoben (Möller, Schmelzer, 1991)

Wege ins Chaos

Es gibt mehrere Formen, wie ein System bei Variation eines Parameters von regulärem chaotischem Verhalten übergeht. Drei häufig beobachtete Formen sind:

Das Feigenbaumszenarium:
Das chaotische Verhalten wird über eine Folge von Oszillationen mit ständig verdoppelter Periode erreicht.

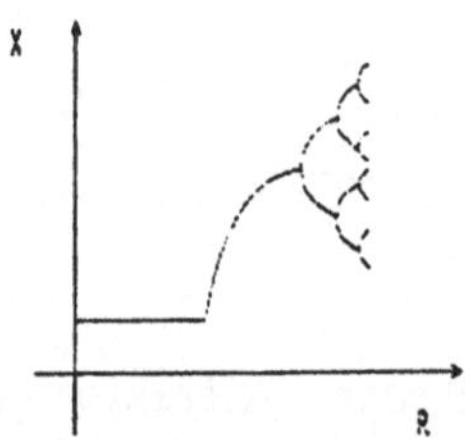

Fig. 1.15 Mögliche asymptotische Werte der Zustandsvariablen X in Abhängigkeit vom Kontrollparameter r. Die entsprechende Darstellung wird als Feigenbaumdiagramm bezeichnet. Für $r > r_{kr}$ ist chaotisches Verhalten sichtbar, siehe für Details Kap. 3.

Intermittenz:
Die Länge der Intervalle irregulären Verhaltens wächst mit Annäherung an einen kritischen Parameterwert an.

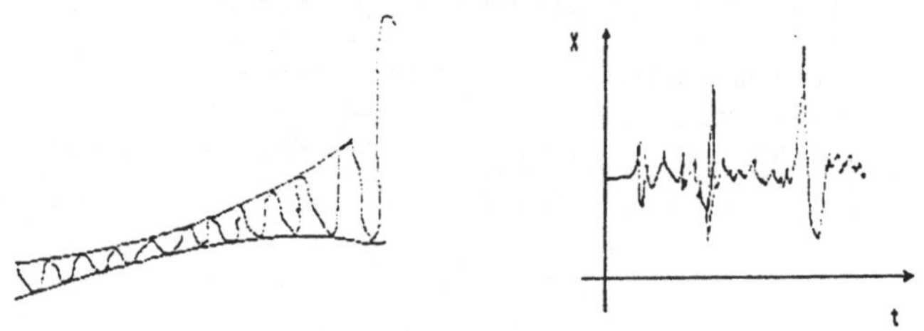

Fig. 1.16 Geometrische Interpretation von Intermittenz als weitere Form der Ausbildung chaotischer Bewegungen

Ruelle–Takens–Szenarium:
Fixpunkt — 1. Oszillation — 2. Oszillation — Chaos

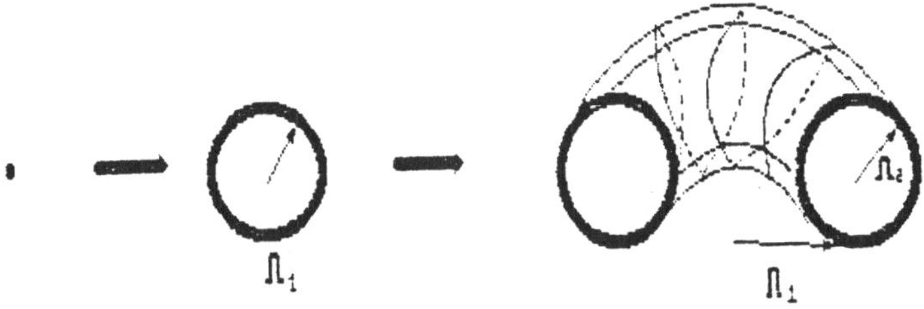

Fig. 1.17 Veranschaulichung des Ruelle–Takens–Szenariums zur Ausbildung von Chaos in deterministischen Systemen

1.5 Fraktale

Mathematische Monster: **Die Kochkurve**

Die Länge einer Kurve kann berechnet werden als $L = N(l)l$

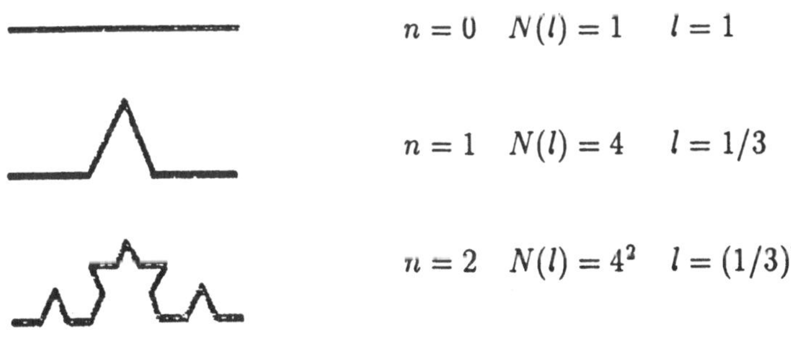

Fig. 1.18 Konstruktionsvorschrift für die Kochkurve

$L = \lim_{l \to 0} N(l)l = \lim_{n \to +\infty} 4^n (1/3)^n = \lim_{n \to +\infty} (4/3)^n \to +\infty$

Die Länge der Kochkurve ist unendlich.

Die fraktale Dimension

Gilt einerseits $\lim_{l\to 0} N(l)l = \infty$ und gibt es weiterhin eine Zahl D_f, so daß gilt

$$\lim_{l\to 0} N(l)l^{D_f} = B < \infty$$

so heißt D_f Hausdorf-Besicovich oder fraktale Dimension der Kurve.

Aus der Definition folgt

$$D_f = \lim_{l\to 0} \frac{\ln N(l)}{\ln(1/l)}$$

oder

$$D_f = 1 + \lim_{l\to 0} \frac{\ln L(l)}{\ln(1/l)}$$

Die fraktale Dimension der Kochkurve ist $D_f = 1.26$.

Weitere Beispiele: Selbstähnlichkeit

Cantorstaub

Fig. 1.19 Konstruktionsvorschrift für die Cantormenge

Selbstähnlichkeit: Identische Strukturen wiederholen sich in immer kleineren Raumbereichen

Sierpinskigitter

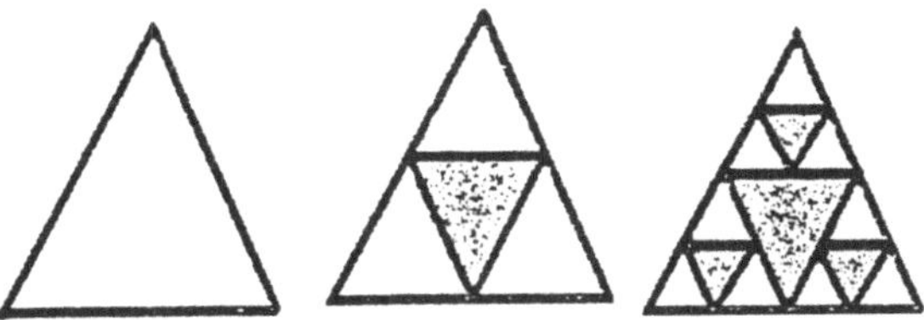

Fig. 1.20 Konstruktion des Sierpinskigitters

Beziehung zum Chaos

- Seltsame Attraktoren haben häufig die Struktur einer Cantormenge.
- Einzugsbereiche verschiedener Attraktoren sind oft komplex strukturiert, häufig tritt Selbstähnlichkeit auf.
- Dynamische Abbildungen führen oft zu fraktalen Strukturen.

Beispiel 1:

Selbstähnlichkeit in der verallgemeinerten logistischen Abbildung. Teilbereiche des Phasenraums haben die gleiche Struktur wie der gesamte Raum.

Fig. 1.21 Illustration der Selbstähnlichkeit für die verallgemeinerte logistische Abbildung (Möller, Schmelzer, 1991)

Beispiel 2: Computeralgorithmus

1. Setze zufällig drei Punkte.

2. Wähle zufällig einen weiteren Punkt aus.

3. Wähle zufällig einen der in (1) definierten Punkte und setze auf der Verbindungslinie zwischen diesem und Punkt (2) einen weiteren Punkt.

4. Wiederhole die Prozedur ab (3) mit dem neu gewonnenen Punkt.

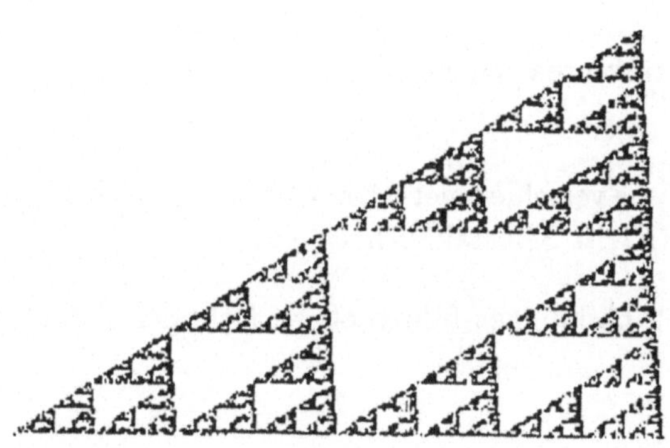

Fig. 1.22 Ergebnis des Algorithmus: Ein Sierpinskigitter

Beispiel 3: Juliamengen

Die logistische Wachstumsgleichung kann durch die Variablentransformation

$$Z = r[(1/2) - X]$$

in die Form

$$Z_{n+1} = a + Z_n^2$$

überführt werden.

Betrachtet man Z als komplexe Größe $Z = X + iY$, so erhält man

$$X_{n+1} = a_1 + X_n^2 - Y_n^2$$
$$Y_{n+1} = a_2 + 2X_nY_n \quad , \qquad a = a_1 + ia_2$$

Eigenschaften:

- Im allgemeinen können mehrere Attraktoren existieren.
- Die Grenzen der Einzugsbereiche koexistierender Attraktoren rationaler dynamischer Abbildungen heißen Juliamengen.

Beispiel 1:

- Ordne a_1 und a_2 definierte Werte zu.
- Löse das Differenzengleichungssystem für den Startwert $X = Y = 0$.
- Bleibt die Bewegung in einem endlichen Raumbereich, so setze an die Stelle (a_1, a_2) einen Punkt.
- Wiederhole die Prozedur mit einem neuen Wertepaar (a_1, a_2).

Im Resultat erhält man u.a. das *Apfelmännchen*.

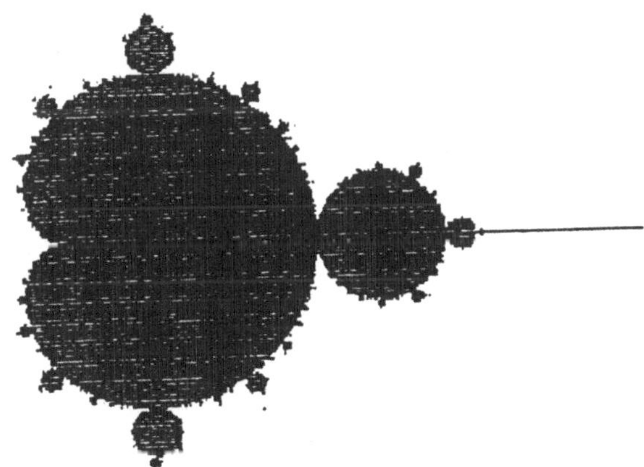

Fig. 1.23 Ergebnis der Iteration mit der komplexen logistischen Wachstumsgleichung

Die folgende Abbildung zeigt die Einzugsbereiche koexistierender Attraktoren für verschiedene Werte der Parameters a. Es gilt nach Julia (1918) und Fatou (1919) der folgende interessante Zusammenhang: Die Grenzen der Einzugsbereiche von koexistierenden Attraktoren diskreter dynamischer Systeme (Juliamengen) sind verbunden, wenn die Trajektorie, beginnend im Ursprung, nicht gegen Unendlich strebt.

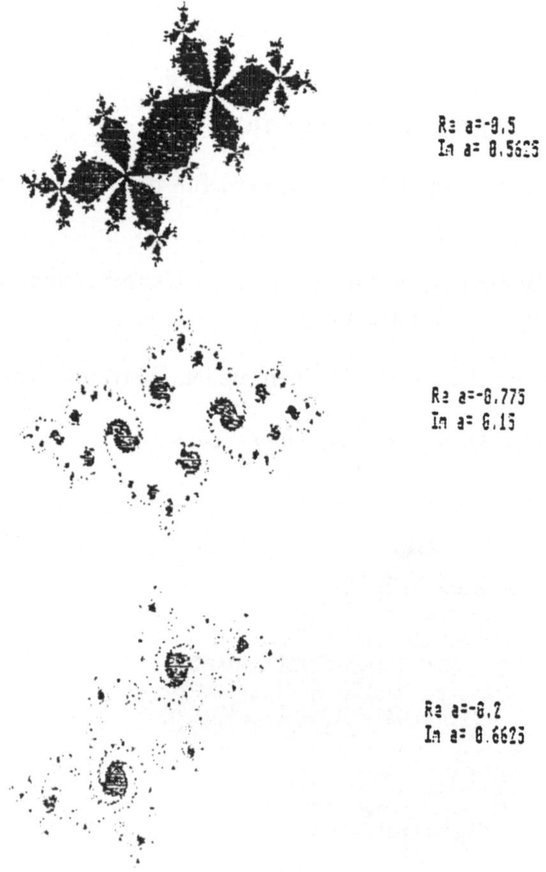

Fig. 1.24 Juliamengen (Fortsetzung nächste Seite)

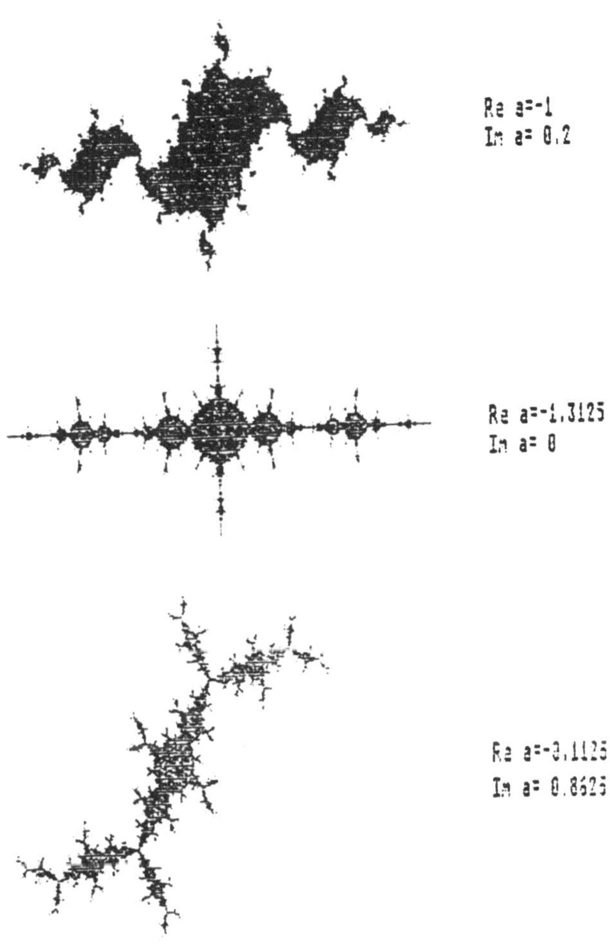

Fig. 1.24 Juliamengen der komplexen logistischen Abbildung für verschiedene Werte des komplexen Paramerters a

Beispiel 2:
Bestimmung der Nullstellen einer komplexen Funktion $f(Z)$ und der Einzugsbereiche der Nullstellen nach dem Newtonschen Iterationsverfahren

$$Z_{n+1} = Z_n - f(Z_n)/f'(Z_n) \qquad ; \qquad f(Z) = Z^n - 1$$

$n = 3$

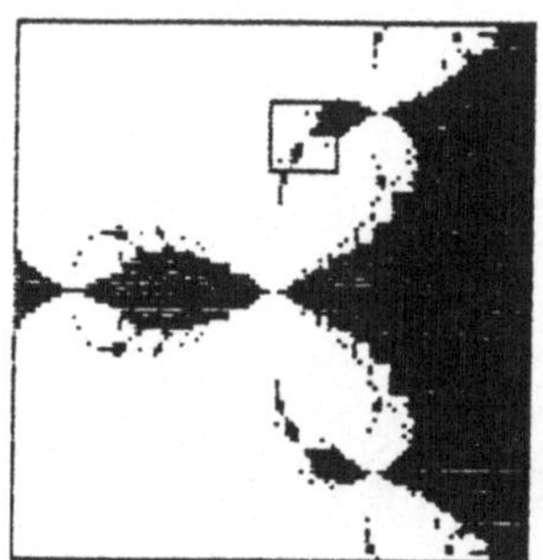

$n = 4$

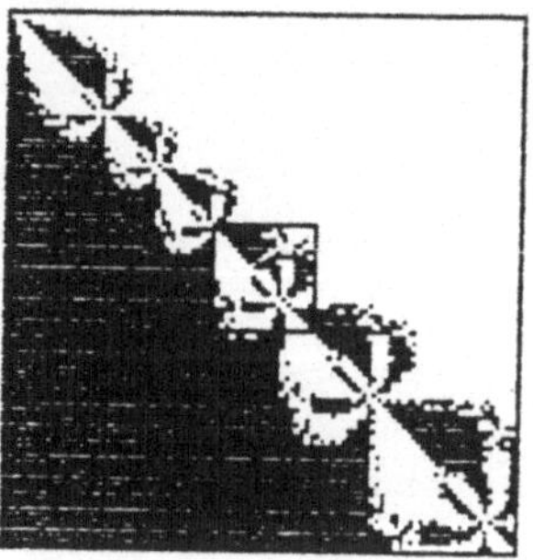

Fig. 1.25 Einzugsbereiche verschiedener Attraktoren der Abbildung $f(Z) = Z^n - 1$

1.6 Fraktale Muster in der Natur

Bei zahlreichen Aggregationsprozessen (Verdampfung von Eisen und Kondensation im Vakuum, Ausfällung aus eines wässrigen Lösung, Aggregation bei der Herausbildung von Silicagelen) haben die sich herausbildenden Cluster Eigenschaften von Fraktalen.

Eine theoretische Deutung kann im einfachsten Fall im Rahmen des Witten - Sander - Modells (siehe Fig. 1.26) vorgenommen werden. Bei der numerischen Simulation dieses Prozesses wird ein Teilchen im Zentrum plaziert. Weitere Teilchen beginnen eine Zufallsbewegung auf einer Oberfläche mit dem Radius R_1; kommen diese Teilchen bei der Zufallswanderung in die Umgebung des zentralen Teilchens bzw. Aggregats, so erfolgt - nach definierten Regeln - eine Anlagerung. Beim Überschreiten eines Abstandes R_2 wird das Teilchen eliminiert und der Prozeß neu gestartet.

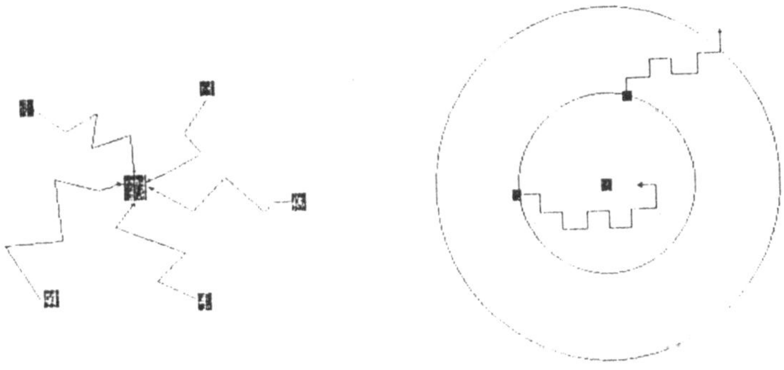

Fig. 1.26 Illustration des Witten - Sander - Algorithmus zur Aggregation fraktaler Cluster

Der dargestellte Algorithmus stellt eine numerische Realisierung eines Diffusionsprozesses dar, beschrieben durch die zeitunabhängige Diffusionsgleichung

$$\Delta c = 0$$

c ist hier die räumliche Konzentration der Teilchen.

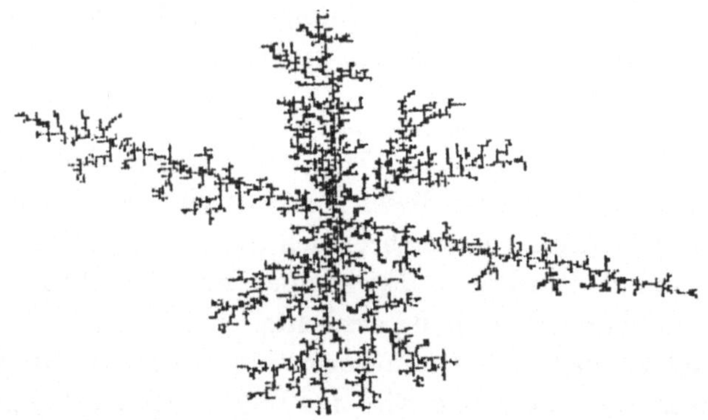

Fig. 1.27 Fraktale Cluster, generiert nach dem einfachen Witten – Sander – Algorithmus, d.h. kommt ein Teilchen auf einen Nachbarplatz des zentralen Clusters, so haftet dieses mit einer Wahrscheinlichkeit $p = 1$

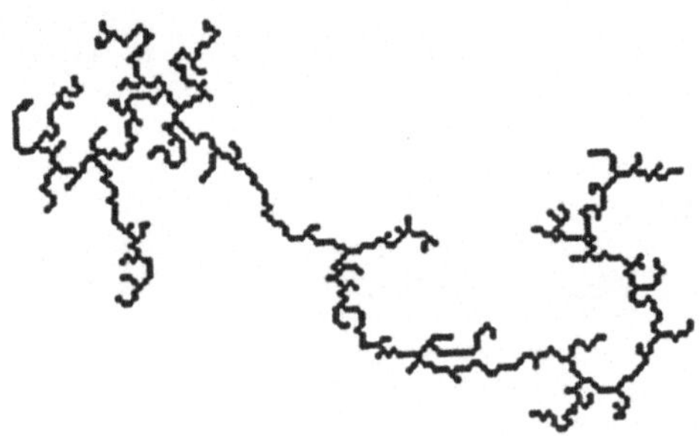

Fig. 1.28 Simulation fraktaler Cluster nach einem erweiterten Witten – Sander – Algorithmus unter Brücksichtigung einer von $p = 1$ verschiedenen Haftwahrscheinlichkeit und neutralisierten Bindungen

Analog führen auch andere Prozesse, die durch eine Laplacegleichung beschrieben werden, zur Ausbildung fraktaler Objekte.

Beispiele:

1. Wärmeleitung bei Erstarrungsprozessen

$$\Delta T = 0$$

   $\Rightarrow$ Dendritenwachstum

2. Auflösungsprozesse poröser Medien

$$\Delta c = 0$$

   $\Rightarrow$ Fraktale Hohlraumstrukturen, z.B. in Gips

3. Elektrische Phänomene

$$\Delta V = 0$$

   V ist das Potential des elektrischen Feldes
   $\Rightarrow$ Fraktale Muster bei einem elektrischen Durchbruch
   $\Rightarrow$ Figuren elektrischer Entladungen

4. Druckausbreitung in Festkörpern bzw. Flüssigkeiten

$$\Delta p = 0$$

   $\Rightarrow$ Fraktale Strukturen bei Rißbildungen im Festkörper
   $\Rightarrow$ Verdrängung von Flüssigkeiten durch andere Flüssigkeiten geringerer Viskosität

Fraktale Muster in der Biologie treten sehr häufig bei Systemen auf, die Transportprozesse verschiedener Art realisieren (Wurzelsysteme von Pflanzen, Adernstrukturen bei Blättern, Schwämmen, Korallen, Kiemen, Lungen, Blutsystem, Nervensystem, ...). Die Selbstähnlichkeit kann ihre Ursache darin haben, daß die Versorgung der Teilsysteme des Organismus nach demselben Prinzip wie die Versorgung des Gesamtlebewesens erfolgt.

Frage: Wäre ein analoger fraktaler Aufbau auch für das Straßen– und Schienennetz anzustreben?

Problemkreise, für deren Verständnis das Konzept des deterministischen Chaos und der Fraktale von Bedeutung ist:

- Evolution des Sonnensystems und die Struktur des Universums
- Hydrodynamische Turbulenz
- Wettervorhersage: Schmetterlingseffekt
- Chaos – Zufall und Notwendigkeit, Determiniertheit und Vorhersagbarkeit

Auf diese Probleme und weitere Fragen zur Nichtlinearität und Selbstorganisation wird in den folgenden Kapiteln detailliert eingegangen.

Kapitel 2

Methoden der Analyse nichtlinearer Phänomene

2.1 Problemstellung

Die wissenschaftliche Untersuchung vieler Problemstellungen, nicht nur in Physik, Biologie und Chemie, ist häufig verbunden mit einer Analyse der Entwicklung von Prozessen in Raum und Zeit. Raum-zeitlich unmittelbar benachbarte Ereignisse sind dabei häufig kausal verknüpft, so daß viele Grundgleichungen und spezielle daraus resultierende funktionale Abhängigkeiten der Physik, Biologie und Chemie in Form von Differentialgleichungen aufgeschrieben werden können.

Beispiele aus der Physik sind:

Das zweite Newtonsche Axiom

$$m\ddot{\vec{r}} = \vec{F}(\vec{r}, \dot{\vec{r}}, t)$$

und im eindimensonalen Fall

$$m\ddot{x} = F(x, \dot{x}, t)$$

Die Maxwellgleichungen

$$\operatorname{div} \vec{B} = 0 \qquad \operatorname{div} \vec{D} = \varrho$$

$$\operatorname{rot} \vec{H} = \vec{j} + \tfrac{\partial}{\partial t}\vec{D} \qquad \operatorname{rot} \vec{E} = -\tfrac{\partial}{\partial t}\vec{B}$$

Die Schrödingergleichung

$$i\hbar\tfrac{\partial}{\partial t}\psi = -\hbar^2/(2m)\Delta\psi + U\psi$$

In Anwendung auf konkrete Probleme ergeben sich dann spezielle Differentialgleichungen, die in der Regel nichtlinear sind.

Beispiele:

Das mathematische Pendel: $\ddot{\alpha} + (g/l)\sin\alpha = 0$

Der van der Polsche Oszillator: $\ddot{x} - a(1 - x^2)\dot{x} + x = 0$

Das Lorenzmodell

$$\begin{aligned}\dot{x} &= -\sigma x + \sigma y\\ \dot{y} &= rx - y - xz\\ \dot{z} &= xy - bz\end{aligned}$$

Das erste Lotka-Volterra-Modell

$$\begin{aligned}\dot{X}_1 &= k_1 A X_1 - k_2 X_1 X_2\\ \dot{X}_2 &= k_2 X_1 X_2 - k_2' X_2\end{aligned}$$

Das zweite Lotka-Volterra-Modell

$$\begin{aligned}\dot{X} &= k_1 A X - k_1' X\\ \dot{A} &= k_0 B - k_1 A X\end{aligned}$$

In der Regel lassen sich diese Gleichungen nicht analytisch lösen. Zur Untersuchung des durch die Differentialgleichungen beschriebenen Verhaltens müssen daher andere Methoden gewählt werden. Zwei derartige Möglichkeiten sind:

- Störungsmethoden bei Existenz kleiner Parameter

- Computerrechnungen

Nachteile dieser Methoden:

- Existenz eines kleinen Parameters muß vorausgesetzt werden

- Nur eine spezielle Trajektorie ausgehend von einer definierten Startbedingung wird erhalten

Ausweg: Qualitative Theorie der Differentialgleichungen

Ziel: Bestimmung des Lösungsverhaltens, ohne die Differentialgleichung explizit zu lösen.

2.2 Qualitative Theorie von Differentialgleichungen

2.2.1 Qualitative Methoden bei Existenz nur einer unabhängigen Variablen

Das Bewegungsverhalten eines Systems, charakterisiert durch die Größe X, sei beschrieben durch

$$\dot{X} = f(X)$$

Beispiel:

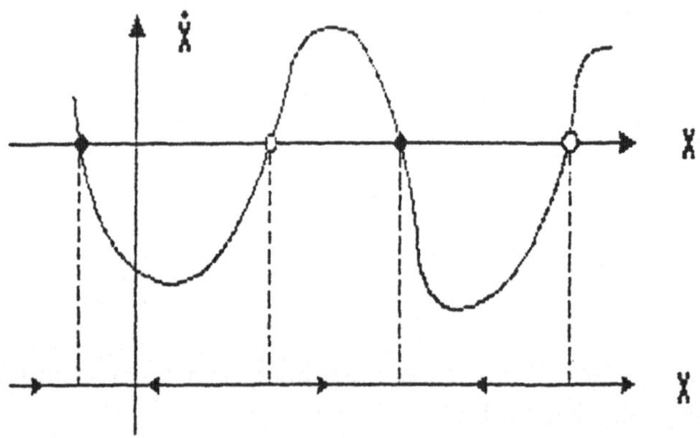

Fig. 2.1 Phasenraumporträt einer gewöhnlichen Differentialgleichung 1. Ordnung. Der Phasenraum ist aufgeteilt in Einzugsbereiche stabiler Fixpunkte (•), deren Grenzen durch instabile Fixpunkte (o) gebildet werden

Im Beispiel ist $\dot{X}$ als Funktion von X dargestellt. Derartige Abbildungen zeigen die Existenz spezieller Punkte, für die gilt $\dot{X} = 0$. Die entsprechenden Werte von X werden als stationäre, singuläre oder Fixpunkte bezeichnet. In Abhängigkeit vom Verhalten des Systems in der Umgebung eines Fixpunktes $X^{(s)}$ können zwei Klassen von Fixpunkten unterschieden werden, stabile und instabile Fixpunkte. Kehrt das System bei kleinen Abweichungen δX vom Fixpunkt zu diesem zurück, so heißt der Fixpunkt stabil (•) ansonsten instabil (o).
Fixpunkte bzw. Mengen von Punkten, die das System im Verlaufe der Zeit anstrebt, bezeichnet man als Attraktoren, die Werte von X, für die die Bewegung zu einem bestimmten Attraktor führt, als Einzugsbereich des Attraktors. Die Einzugsbereiche der Attraktoren werden im betrachteten Fall durch die instabilen Fixpunkte (Repeller) begrenzt, im zweidimensionalen Fall häufig durch Linien, sogenannte Separatrizen.

Analogien zur Mechanik

1. Bewegung in einem Potential

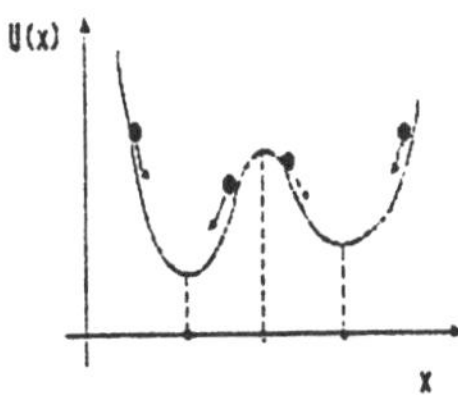

Fig. 2.2 Mechanische Analogie zu stabilen als auch instabilen Fixpunkten und den Einzugsbereichen von Attraktoren.

2. Einzugsbereiche von Flußläufen

Konsequenz: Für den Fall nur einer unabhängigen Variablen ist die Kenntnis der Fixpunkte ausreichend zum qualitativen Verständnis der Evolution des Systems in Abhängigkeit von den Anfangsbedingungen.

Kleine Änderungen in den Kontrollparametern (d.h. den Konstanten, die in die Funktion $f(X)$ eingehen, z.B. $f(X) = aX - bX^2$, a und b sind hier die Kontrollparameter) haben dabei in der Regel keinen Einfluß auf das qualitative Verhalten.
Werden kritische Werte der Parameter über- oder unterschritten, so können qualitative Änderungen des Lösungsverhaltens auftreten. Derartige qualitative Änderungen bezeichnet man als Bifurkationen oder im physikalischen Kontext auch als kinetische Phasenübergänge.

2.2.2 Qualitative Analyse für den Fall zweier unabhängiger Variablen

Typen von Fixpunkten für n = 2

Die Bewegung eines Systems sei allgemein durch ein Differentialgleichungssystem der Form

$$\dot{X}_j = f_j(X_1, X_2, \ldots, X_n) \qquad j = 1, 2, \ldots, n$$

beschrieben. Die möglichen Fixpunkte sind dann analog zum Fall $n = 1$ zu bestimmen aus

$$\dot{X}_j = 0 \qquad \text{oder} \qquad f_j(X_1, X_2, \ldots, X_n) = 0$$

Im folgenden sollen die für $n = 2$ möglichen Typen von Fixpunkte an Beispielen diskutiert werden.

Beispiel 1: Das erste Lotka-Volterra-Modell

Das Modell beschreibt einen Prozeß der Form

$A + X_1 \rightarrow 2X_1$	X_1 - Pflanzenfresser (kleine Fische)
$X_1 + X_2 \rightarrow 2X_2$	X_2 - Räuber (große Fische)
$X_2 \rightarrow F$	A, F – konstant

Das resultierende Differentialgleichungssystem lautet

$$\dot{X}_1 = k_1 A X_1 - k_2 X_1 X_2$$

$$\dot{X}_2 = k_2 X_1 X_2 - k_2' X_2$$

Fixpunkte:

1. $X_1^{(s)} = X_2^{(s)} = 0$
2. $X_1^{(s)} = k_2'/k_2 \quad ; \quad X_2^{(s)} = k_1 A/k_2$

Stabilität:

Wir setzen $X_j = X_j^{(s)} + \delta X_j$ und erhalten ein Differentialgleichungssystem zur Beschreibung der zeitlichen Entwicklung der kleinen Abweichungen.

$$\tfrac{d}{dt}(\delta X_1) = (k_1 A - k_2 X_2^{(s)})\delta X_1 - k_2 X_1^{(s)} \delta X_2$$

$$\tfrac{d}{dt}(\delta X_2) = k_2 X_2^{(s)} \delta X_1 + (k_2 X_1^{(s)} - k_2')\delta X_2$$

Für den ersten Fixpunkt folgt

$$\frac{d}{dt}(\delta X_1) = k_1 A \delta X_1$$

$$\frac{d}{dt}(\delta X_2) = -k_2' \delta X_2$$

Die Lösungen für die kleinen Abweichungen können geschrieben werden als

$$\delta X_j(t) = c_{j_1} \exp(\lambda_1 t) + c_{j_2} \exp(\lambda_2 t)$$

mit $\lambda_1 = k_1 A$ und $\lambda_2 = -k_2'$. Für die nur sinnvolle Variante mit $A > 0$ ist der Fixpunkt instabil. Fixpunkte mit reellen Lösungen für λ, wobei sich deren Vorzeichen unterscheiden, werden als Sattelpunkte bezeichnet.

Der erste der betrachteten Fixpunkte ist also ein instabiler Fixpunkt vom Satteltyp.

Für den zweiten Fixpunkt folgt

$$\frac{d}{dt}\delta X_1 = -k_2' \delta X_2$$

$$\frac{d}{dt}\delta X_2 = k_1 A \delta X_1$$

Hieraus folgt durch Differentiation der ersten Gleichung und Verwendung der zweiten

$$\frac{d^2}{dt^2}\delta X_1 = -k_2' k_1 A \delta X_1$$

Es ergeben sich als Lösungen harmonische Oszillationen für δX_1 und δX_2 mit der Kreisfrequenz $\Omega = \sqrt{k_2' k_1 A}$. Dies entspricht rein imaginären Werten von λ $(\lambda = \pm i\Omega)$. Fixpunkte dieser Art heißen Fixpunkte vom Wirbel- oder Zentrumstyp.

Es folgt

$$\delta X_1 = C_1 \cos(\Omega t + a)$$

$$\delta X_2 = C_2 \sin(\Omega t + a)$$

und daraus

$$(\delta X_1/C_1)^2 + (\delta X_2/C_2)^2 = 1$$

Die Bewegung in der (X_1, X_2) – Ebene, der sogenannten Phasenebene, ist in diesem Fall charakterisiert durch geschlossene Trajektorien (Ellipsen, Kreise).

Für dieses spezielle Beispiel lassen sich die Phasentrajektorien allgemein bestimmen aus

$$B(\ln y_2 - y_2) + \ln y_1 - y_1 = C$$

$$B = X_2^{(s)}/X_1^{(s)} \qquad y_j = X_j/X_j^{(s)}$$

C wird determiniert durch die Anfangsbedingungen.

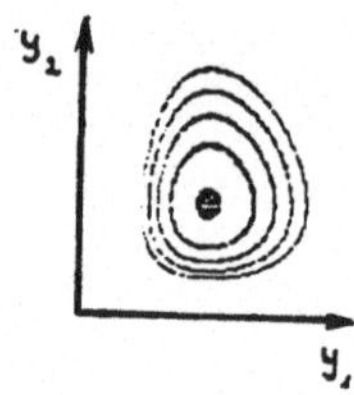

Fig. 2.3 Phasenraumporträt des Lotka-Volterra-Systems 1

Beispiel 2: Das zweite Lotka-Volterra-Modell

$$B \to A \qquad A + X \to 2X \qquad X \to F$$

$$\dot{A} = \Phi_A - k_1 AX \qquad \Phi_A = k_0 B \quad , \quad B = \text{konstant}$$

$$\dot{X} = k_1 AX - k_1' X$$

Fixpunkte

$$X^{(s)} = \Phi_A/k_1' \quad , \quad A^{(s)} = k_1'/k_1$$

Stabilität

$$\tfrac{d}{dt}\delta X = (k_1 A^{(s)} - k_1')\delta X + k_1 X^{(s)} \delta A$$

$$\tfrac{d}{dt}\delta A = -k_1 A^{(s)} \delta X - k_1 X^{(s)} \delta A$$

Quadratische und Terme höherer Ordnung in δX und δA werden dabei auf Grund ihrer Kleinheit vernachlässigt.

Sucht man die Lösung als

$$\delta A = \exp(\lambda t) \quad , \quad \delta X = \exp(\lambda t)$$

so erhält man als Bestimmungsgleichung für λ

$$\lambda_{1/2} = -\tfrac{k_1 X^{(s)}}{2} \pm \sqrt{(\tfrac{k_1 X^{(s)}}{2})^2 - k_1 \phi_A}$$

Der Fixpunkt ist also stets stabil. Ist weiterhin λ reell, so heißt er stabiler Knoten, sonst stabiler Strudel.

Stabiler und instabiler Strudel

Stabiler und instabiler Knoten

Sattel

Wirbel

Fig. 2.4 Mögliche Typen von Fixpunkten für $n = 2$

Grenzzyklen

Neben Fixpunkten können in Differentialgleichungssystemen der Ordnung $n = 2$ geschlossene Kurven im Phasenraum als Attraktoren und Repeller auftreten. Derartige geschlossene Kurven bezeichnet man als Grenzzyklen. Sie entsprechen selbsterregten Oszillationen, deren Amplitude nicht von den Anfangsbedingungen abhängt.

Beispiel 1:

$$\dot{x} = -(-a + (x^2 + y^2))x - \Omega y$$

$$\dot{y} = -(-a + (x^2 + y^2))y + \Omega x$$

Durch Übergang zu Polarkoordinaten

$$x = r\cos\Phi \qquad y = r\sin\Phi$$

erhält man

$$\dot{r} = -r(-a + r^2)$$

$$\dot{\Phi} = \Omega$$

Der Zustand $X = Y = 0$ ist ein Fixpunkt. Er ist ein stabiler Strudel für $a < 0$, ein Zentrumspunkt für $a = 0$ und ein instabiler Strudel für $a > 0$.
Für $a > 0$ existiert eine geschlossene Kurve im Phasenraum, die vom System unabhängig von den Anfangsbedingungen angelaufen wird. Sie ist determiniert durch

$$r^2 - a = 0$$

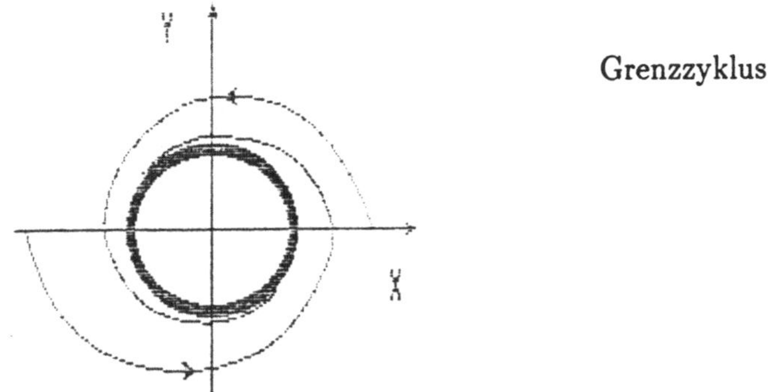

Fig. 2.5 Phasenraumporträt des Differentialgleichungssystems für Werte $a > 0$

Bei Änderung von a tritt also eine Bifurkation des Types

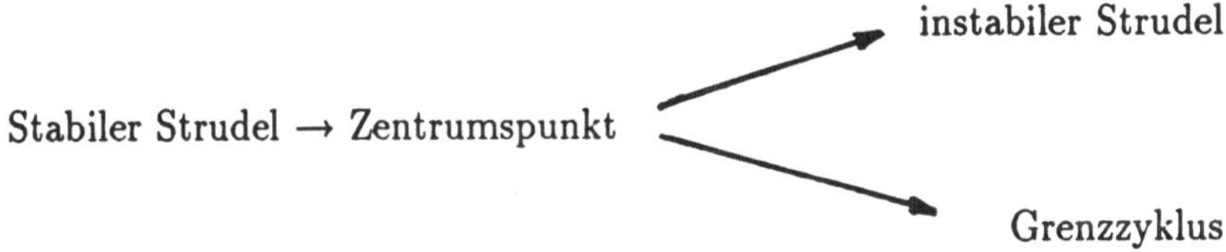

auf. Derartige qualitative Änderungen des Systemverhaltens werden als *Hopfbifurkationen* bezeichnet.

Beispiel 2: Der van der Polsche Oszillator

$$\dot{x} = y$$

$$\dot{y} = a(1 - x^2)y - x \; .$$

Beispiel 3: Der Brüsselator

$$\dot{x}_1 = 1 - (a + 1)x_1 + x_1^2 x_2$$

$$\dot{x}_2 = x_1(a - x_1 x_2)$$

2.2.3 Konservative mechanische Systeme

Eindimensionale mechanische Systeme der Form $m\ddot{x} = F(x, \dot{x})$ können durch die Substitution $\dot{x} = y$ stets in ein System von zwei Differentialgleichungen erster Ordnung umgewandelt werden. Es folgt

$$m\dot{y} = F(x, y)$$

$$\dot{x} = y$$

Ist die Kraft zusätzlich nur eine Funktion von x und nicht von der Geschwindigkeit $\dot{x}$ abhängig, so gilt der Energieerhaltungssatz der Mechanik in der Form

$$m\dot{x}^2/2 + U(x) = E$$

Für fixierte Werte der Energie E, die sich z.B. aus den Anfangsbedingungen bestimmt, stellt diese Gleichung unmittelbar eine Beziehung zwischen x und $\dot{x}$ her und beschreibt damit eine spezielle Trajektorie im Phasenraum $(x, \dot{x})$. Das Phasenraumporträt kann dann erhalten werden, indem man für eine genügend große Zahl von Energiewerten die entsprechenden Kurven im Phasenraum berechnet.

Beispiel 1: Der harmonische Oszillator

Energiesatz: $\frac{m}{2}\dot{x}^2 + \frac{D}{2}x^2 = E$

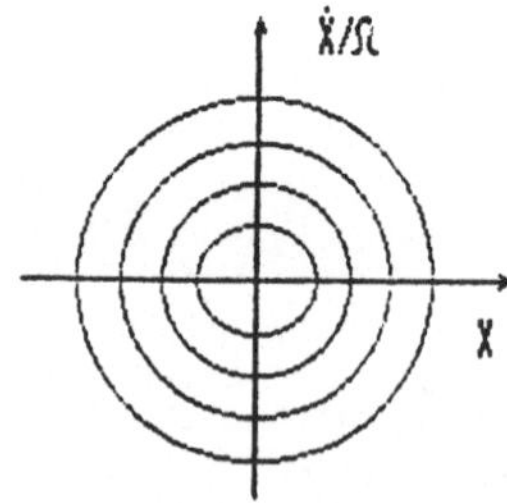

Fig. 2.6 Phasenraumporträt des harmonischen Oszillators

Mit der Bezeichnung $\Omega^2 = D/m$ ergeben sich im Phasenraum $(\dot{x}/\Omega, x)$ Kreise, deren Radius durch den aktuellen Wert von E bestimmt wird.

Beispiel 2: Das mathematische Pendel

$$E = \frac{m}{2} l^2 \dot{\alpha}^2 + mgl(1 - \cos\alpha)\ ,\ \omega_0^2 = g/l$$

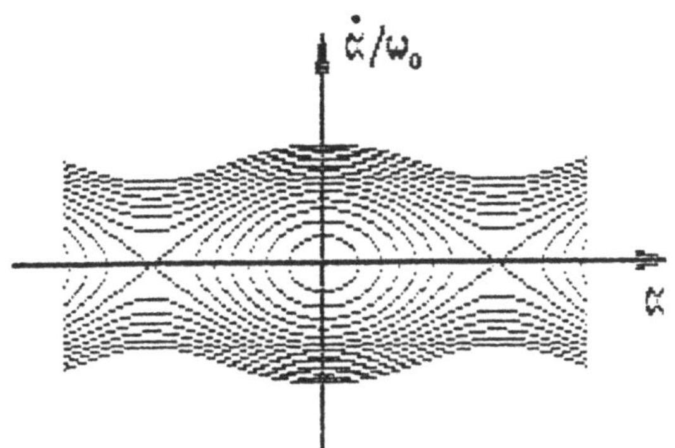

Fig. 2.7 Phasenraumportät des mathematischen Pendels

2.3 Schlußfolgerungen und Ergänzungen

Mit Grenzzyklen und Fixpunkten sind alle möglichen Attraktoren diskutiert, die in Differentialgleichungssystemen der Ordnung $n = 2$ auftreten können. Ein System von geschlossenen Trajektorien, wie im Lotka-Volterra-Modell 1 oder beim harmonischen Oszillator, ist ebenfalls möglich, aber für Anwendungen in der Regel nicht relevant, da die Hinzufügung kleinster Terme im Differentialgleichungssystem das Phasenraumporträt qualitativ ändert (z.B. Reibung beim harmonischen Oszillator). Diese Aussage gilt insbesondere für die Modellierung in Chemie und Biologie, wo die Unsicherheit in der Bestimmung der Bewegungsgleichung relativ groß ist.

In der Physik sind Phasenraumporträts vom Typ des harmonischen Oszillators (Fig. 2.6) dann von Bedeutung, wenn Reibungskräfte zumindest für die betrachteten Zeiträume ausgeschlossen werden können.

Für $n > 2$ können neben Modifikationen der betrachteten Attraktoren und Repeller auch chaotische Bewegungen auftreten, die durch exponentielle Divergenz zunächst benachbarter Trajektorien charakterisiert sind. Soweit bekannt existiert gegenwärtig noch keine allgemeine Methode, nach der aus der Form der Differentialgleichungen auf die Existenz bzw. Nichtexistenz chaotischer Attraktoren geschlossen werden kann. Die Analyse muß entsprechend von System zu System mit spezifische Methoden durchgeführt werden, auf einige wird in den nächsten Kapiteln eingegangen.

Auf Differenzengleichungssysteme können die hier diskutierten Methoden der qualitativen Theorie analog angewandt werden. Für derartige Systeme treten schon bei $n = 1$ Fixpunkte, Grenzzyklen und chaotische Attraktoren auf, wie dies im 3. Kapitel am Beispiel des logistischen Wachstums demonstriert wird.

2.4 Ljapunovexponenten

Eigenschaften und numerische Berechnung

Wird die Bewegung beschrieben durch ein Differentialgleichungssystem der Form

$$\dot{X}_j = f_j(X_1, X_2, \ldots, X_n) \qquad j = 1, 2, \ldots, n$$

so sind die Fixpunkte determiniert durch

$$f_j(X_1^{(s)}, X_2^{(s)}, \ldots, X_n^{(s)}) = 0 \ .$$

Die zeitliche Entwicklung der Abweichung von den Fixpunkten ist dann in linearer Näherung bestimmt durch

$$\delta X_j = X_j - X_j^{(s)} = q_j$$

$$\delta X_j = \sum a_{jk} \exp{(\lambda_k t)}$$

Betrachtet man als Maß für die Abweichung vom Fixpunkt die Größe

$$\|q(t)\| = \sqrt{q_1^2 + q_2^2 + \ldots + q_n^2}$$

so gilt für große Zeiten ($t \to \infty$)

$$\|q(t)\| = \|q(0)\| \exp\left[(\mathrm{Re}\lambda_1)t\right]$$

Es folgt

$$\mathrm{Re}(\lambda_1) = \lim_{t\to\infty} \frac{1}{t} \ln \frac{\|q(t)\|}{\|q(0)\|}$$

λ_1 ist hierbei derjenige der charakteristischen Exponenten mit dem größten Wert des Realteiles. Die Realteile von λ_j heißen Ljapunovexponenten.

In analoger Weise kann man das Verhalten von Trajektorien in der Umgebung von Punkten einer ausgewählten Trajektorie bestimmen, die sich z.B. aus der numerischen Lösung des o.g. Differentialgleichungssystems ergibt für einen vorgegebenen Satz von Anfangsbedingungen. Man fixiert dazu einen Zeitpunkt t_k und betrachtet analog Bewegungen in der Umgebung von $X(t_k)$. Die Rechnung wird wiederholt für eine größere Zahl von Punkten. Im Resultat ergibt sich ein mittlerer Wert von $\mathrm{Re}(\lambda_1)$ (siehe Fig. 2.8).

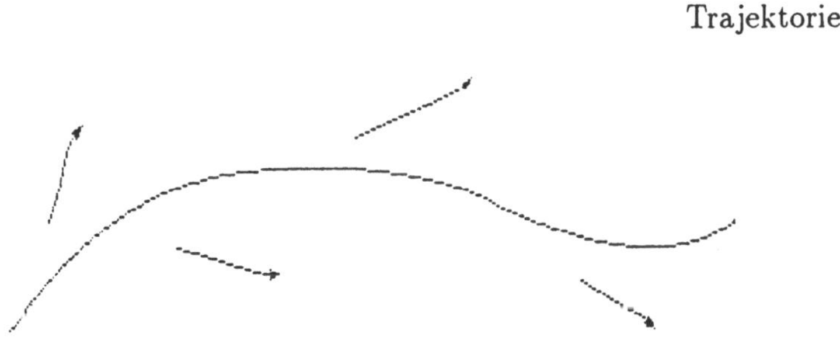

$$\mathrm{Re}(\lambda_1) = (1/n) \sum_{k=1}^{n} \mathrm{Re}(\lambda_1^{(k)})$$

Fig. 2.8 Skizze zur Berechnung der Ljapunovkoeffizienten

Eigenschaften:

$\mathrm{Re}(\lambda_1) > 0$	chaotische Bewegung
$\mathrm{Re}(\lambda_1) = 0$	Grenzzyklus
$\mathrm{Re}(\lambda_1) < 0$	stabiler Fixpunkt

Die Berechnung weiterer Ljapunovexponenten ist aufwendiger.
Die Methodik kann analog für Differenzengleichungssysteme angewandt werden.

Kapitel 3

Diskrete dynamische Systeme

3.1 Diskrete Abbildungen

Üblicherweise werden Vorgänge in der Natur durch kontinuierliche Variable (z.B. Ort q, Impuls p) beschrieben, die sich als Funktion der Zeit t stetig ändern.
Aber oftmals ist diese vollständige Information nicht vorhanden, vielmehr sind nur die Werte (z.B. von q) zu diskreten Zeitpunkten t_n $(n = 0, 1, 2, \ldots)$ bekannt.

$q_n = q(t_n)$ aus $q = q(t)$

Aus der Trajektorie folgen Schnittpunkte mit q-Achse $\rightarrow x_0, x_1, x_2, \ldots$

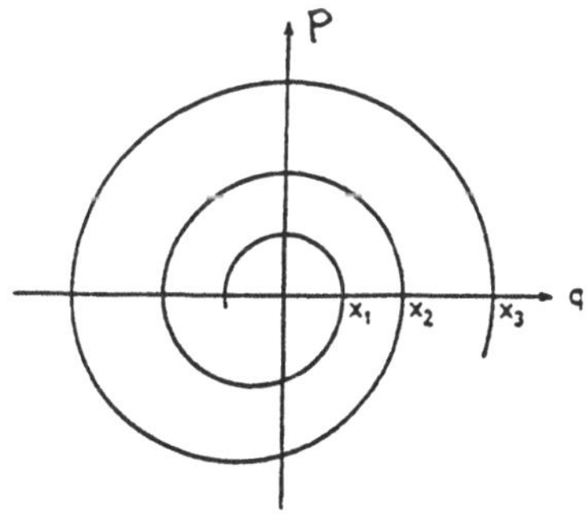

Fig. 3.1 Trajektorie und ihre diskrete Folge von Ortskoordinaten x_n

Jeder Schnittpunkt x_{n+1} ist bestimmt durch den vorhergehenden Punkt x_n. Folglich existiert eine Beziehung der Form:

$$x_{n+1} = f(x_n) \qquad \text{nichtlineare, eindimensionale diskrete Abbildung}$$

Was können die x_n sein:

x_n = Population im Jahre $n \geq 0$ (Insekten in einem Waldgebiet)
x_n = Teilchenzahlen, Stückzahlen, Geldmenge auf Konto, ...

Denkbar sind auch mehrdimensonale Abbildungen der Form

$$\begin{aligned} x_{n+1} &= f(x_n, y_n) \\ y_{n+1} &= g(x_n, y_n) \end{aligned}$$

Ein Beispiel für eine zweidimensonale nichtlineare Abbildung:

$$\begin{aligned} x_{n+1} &= x_n + y_n + \varepsilon \sin x_n \\ y_{n+1} &= y_n + \varepsilon \sin x_n \end{aligned} \qquad \text{Standard-Abbildung}$$

Zustandsraum: $Q = \{(x,y) \mid 0 \leq x < 2\pi, 0 \leq y < 2\pi\}$, d.h. alle Werte modulo 2π

$\varepsilon \geq 0$: Kontrollparameter, kann von außen gesteuert werden

Resultat: Reguläres Verhalten mit chaotischen Bändern. Chaotische Bereiche wachsen mit steigenden ε (siehe Fig. 3.2).

Die Standard-Abbildung wurde von Chirikov 1979 als ein Beispiel für einen periodisch angestossenen Rotator (Chirikov map for a Periodically Kicked Rotator) betrachtet, wobei die Variablen x und y dem Winkel α und dem Impuls p entsprechen:

$$\begin{aligned} \alpha_{n+1} &= \alpha_n + p_{n+1} = \alpha_n + p_n + k \sin \alpha_n \\ p_{n+1} &= p_n + k \sin \alpha_n = p_n + k \sin \alpha_n \end{aligned}$$

$$\ddot{\alpha} = F = k \sin \alpha$$

Der Parameter k repräsentiert die Kraftstärke und entspricht dem Kontrollparameter ε.

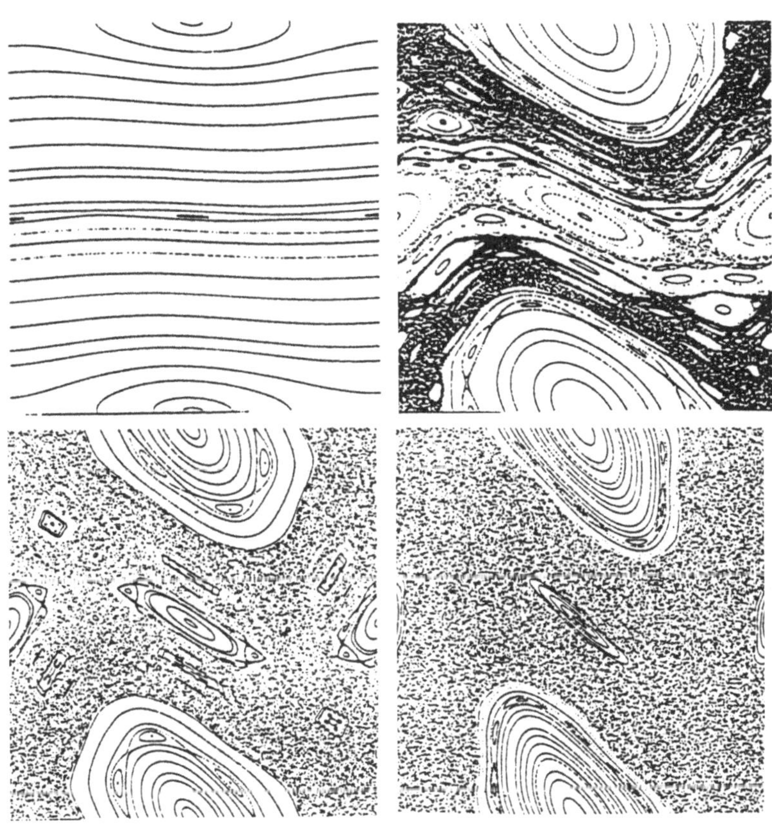

Fig. 3.2 Standard-Abbildung für verschiedene Werte des Kontrollparameters ε, oben: $\varepsilon = 0.1172$, $\varepsilon = 1.0000$, unten: $\varepsilon = 1.2188$, $\varepsilon = 1.8047$

3.2 Ein einfaches Beispiel: Die logistische Abbildung

Das Modellbeispiel einer eindimensionalen diskreten Abbildung ist die logistische Gleichung mit einem Kontrollparameter r im Wertebereich $0 < r \leq 4$. Sie lautet:

$$\boxed{x_{n+1} = r x_n (1 - x_n)}$$

Diese Iteration wurde erstmalig 1845 vom belgischen Biomathematiker P. F. Verhulst in einer Arbeit zur Populationsdynamik eingeführt (Französisch: logis = Haus, Quartier). Die logistische Abbildung läßt sich wie folgt herleiten.

Sei y_n = Population, Sparguthaben, ... im Jahre n ($n \geq 0$).

Das Wachstumsgesetz laute dann (Ansatz):

$$y_{n+1} = f(y_n) = \underbrace{r y_n}_{\text{lineares Wachstum}} - \underbrace{s y_n^2}_{\text{nichtlineare Dämpfung (z.B. durch begrenzte Futtermenge)}}$$

z.B. Akkumulation beim Sparen: $r = 1 + p$, $s = 0$, p - jährlicher Zinssatz

Wichtiger Grenzfall: Lineares Wachstum

Falls geringe Populationsmenge (y_n klein), dann unbeeinträchtigtes Wachstum, determiniert durch Nettoproduktionsrate r.

Falls $p_{n+1} \cong r p_n$, dann ist die Lösung als exponentielle Dynamik bekannt:

$$p_n = p_0 r^n \quad : \text{ exponentielle Dynamik}$$

$r < 1 : p_n \underset{n\to\infty}{\longrightarrow} 0$: Aussterben der Population

$r = 1 : p_n = p_0$: Stagnation

$r > 1 : p_n \underset{n\to\infty}{\longrightarrow} \infty$: Bevölkerungsexplosion

Wir betrachten jetzt den vollständigen Ansatz für die nichtlineare Populationsdynamik in Abhängigkeit von den Parametern r und s.
Zuvor Variablentransformation und Verwendung nur **eines** Kontrollparameters r:

$$x_n = \frac{s}{r} y_n \qquad \Longleftrightarrow \qquad y_n = \frac{r}{s} x_n$$

$$y_{n+1} = r y_n - s y_n^2 \quad \Longrightarrow \frac{r}{s} x_{n+1} = r \frac{r}{s} x_n - s \frac{r^2}{s^2} x_n^2$$

$$x_{n+1} = r x_n - r x_n^2 = r(x_n - x_n^2)$$

Somit

$$\boxed{x_{n+1} = r x_n (1 - x_n) \quad \text{Logistische Abbildung}}$$

Zu dieser diskreten Abbildung mit einem Kontrollparameter $0 < r \leq 4$ gehört ein Anfangswert x_0 im Einheitsintervall $0 < x_0 < 1$ (ansonsten sind negative Populationszahlen möglich).

Wachstumsgesetz $f(x) = rx(1 - x)$

für $r = 4$

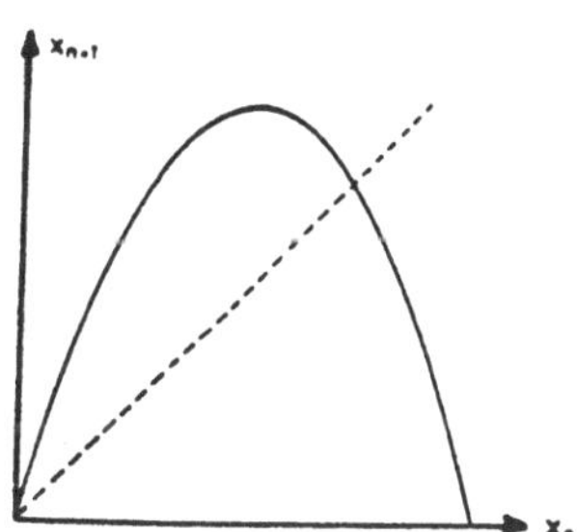

Fig. 3.3 Nichtlineare logistische Wachstumsfunktion

Iterative Lösung des Problems:

- Fixiere Kontrollparameter: r $\quad (r = 0.5)$
- Wähle beliebigen Startwert: x_0 $\quad (x_0 = 0.1)$
- Trage x_n über n auf: $x_1, x_2, \ldots$ $\quad$ (geht schnell gegen 0)

- Konvergiert die Folge x_n gegen Grenzwert ? : x $(x = 0)$

- Trage Grenzwert (bzw. Grenzwerte) über r auf

$\Rightarrow$ Resultat: Feigenbaumdiagramm

Durchführung eines Computerexperimentes:

1. $r = 0.5$; $x_0 = 0.5$, $x_0 = 0.1$, $x_0 = 0.9$
   nach wenigen Iterationen Konvergenz gegen $x = 0$

2. $r = 0.95$; $x_0 = 0.5$, $x_0 = 0.9$
   erheblich langsamere Konvergenz gegen $x = 0$

3. $r = 1$; $x_0 = 0.5$, $x_0 = 0.001$
   "Unendliche langsame" Konvergenz gegen Null

4. $r = 1.2$; $x_0 = 0.001$
   x_n entfernt sich langsam vom Wert Null und konvergiert gegen $x = 0.16666\ldots = 1/6$

5. $r = 2$; $x_0 = 0.001$
   "superschnelle" Konvergenz gegen $x = 0.5$

6. $r = 3.2$; $x_0 = 0.001$
   $\rightarrow$ stabiler 2–Zyklus: Bifurkation bei $r = 3$

7. $r = 3.5$; $x_0 = 0.5$
   $\rightarrow$ 4–Zyklus: $x = (0.8269 ; 0.5009 ; 0.8750 ; 0.3828)$
   2^k–Zyklen entstehen

8. $r = 4$, $x_0 = 0.0001$; $x_0 = 0.0002$; $\Delta x_0 = 10^{-4}$
   $\rightarrow$ voll entwickeltes Chaos
   $\rightarrow$ Lösungen divergieren exponentiell

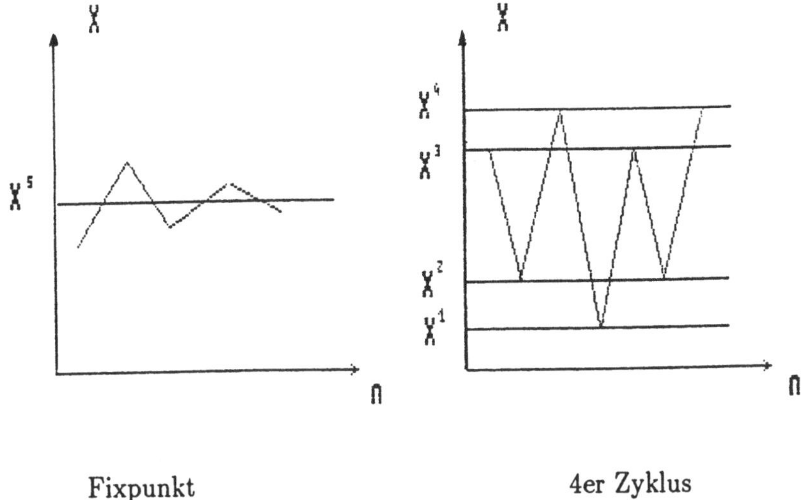

Fixpunkt 4er Zyklus

Fig. 3.4 Zeitverhalten der logistischen Abbildung für das Fixpunktregime und bei periodischen Lösungen

Auf dem Computer:

1. Teile Wertebereich von r in I gleiche Abschnitte: $\Delta r = (r_{end} - r_{start})/I$

2. Wähle Startwert, z.B. $x_0 = 0.5$

3. Setze r mit $r := r_{start} + i\Delta r \quad (i = 0, 1, 2, 3, \ldots, I)$

4. Führe Iterationen $x_{n+1} = rx_n(1 - x_n)$ aus

5. Trage die Iterationswerte x_n für große n (z.B. Ergebnisse der Zeitraumes $300 \leq n \leq 400$) auf, dieses liefert die Fixpunkte x Gehe zu 3.

6. Bringe alles in eine Darstellung x über r (Feigenbaum–Diagramm entsteht)

3.3 Das Feigenbaum–Diagramm

Im Jahre 1978 wurde erstmalig durch M. Feigenbaum das Verhalten des Systems "Logistische Abbildung" für lange Zeiten ($n \to \infty$) als Funktion des Kontrollparameters r dargestellt.

Die folgende Abbildung zeigt das Resultat:

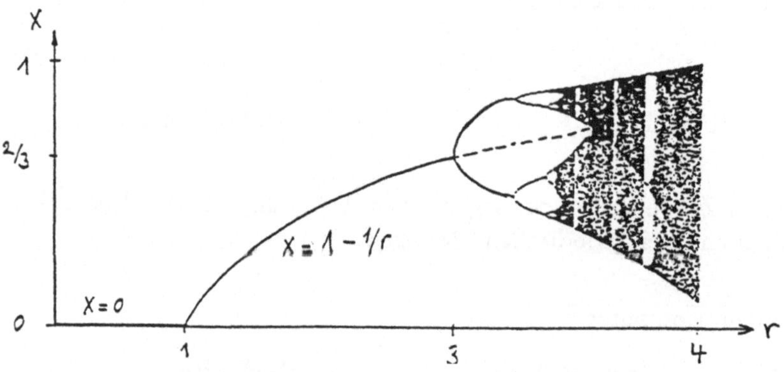

Fig. 3.5 Das berühmte Feigenbaum–Diagramm für die logistische Abbildung

Die Berechnung des Langzeitverhaltes des Systems erfordert die Kenntnis der Fixpunkte x (siehe ausführliche Rechnung im Abschnitt 3.5), wobei für ein diskretes System die folgende Definition gilt:

" x heißt Fixpunkt, wenn $x = f(x)$ gilt "

Die Fixpunktanalyse einschließlich dem Stabilitätskoeffizienten λ liefert zusammenfassend folgende Resultate:

$x^{(1)} = 0$	stabil für	$0 < r \leq 1$;	$\lambda^{(1)} = \ln\|r\|$
$x^{(2)} = 1 - 1/r$	stabil für	$1 < r \leq 3$;	$\lambda^{(2)} = \ln\|2 - r\|$
$x^{(1)}, x^{(2)}$	: stabile Fixpunkte		

$x^{(3),(4)} = \frac{1}{2}(1 + \frac{1}{r}) \pm \frac{1}{2r}\sqrt{r^2 - 2r - 3}$
stabil für $3 < r \leq 1 + \sqrt{6}$; $\lambda^{(3)(4)} = \ln| - r^2 + 2r + 4|$
$x^{(3),(4)}$: stabile periodische Lösung (2er Zyklus)

Weitere analytische Berechnungen sind sehr aufwendig. Man erhält numerisch eine Serie von Bifurkationen. Die ersten Periodenverdopplungen liegen bei den folgenden Parameterwerten r_k (dort starten 2^k–Zyklen):

$r_1 = 3$;	$r_2 = 1 + \sqrt{6} = 3.449499$;	$r_3 = 3.544090$
$r_4 = 3.564407$;	$r_5 = 3.568759$;	$r_6 = 3.569692$
$r_7 = 3.569891$;	$r_8 = 3.569934$;	...

Es existiert ein Grenzwert r_∞.

Betrachten wir im Vergleich das periodische und chaotische Verhalten der logistischen Abbildung.

a) Periodisches Regime $[r_1 = 3 \; ; \; r_\infty]$

Die Bifurkationswerte r_k folgen einer geometrischer Reihe $r_k = r_1 q^{k-1}$; $r_{k+1} = r_k q$, d.h. das Skalenverhalten ist vom Typ

$$r_k \approx r_\infty - c\hat{F}^{-k} \quad , \quad c = 2.6327$$

$$\hat{F} = 4.669202 = \lim_{k\to\infty} \frac{r_{k+1} - r_k}{r_{k+2} - r_{k+1}} \; : \text{universelle Feigenbaum–Konstante}$$

Bestimme r_∞ als kritischen Kontrollparameter für den Übergang zum Chaos:

$$\begin{aligned}
&r_k = r_\infty - c\hat{F}^{-k} \\
&r_{k+1} = r_\infty - c\hat{F}^{-(k+1)} \quad \rightarrow \quad r_\infty = r_{k+1} + c\hat{F}^{-k}\hat{F}^{-1} \\
&r_\infty = r_{k+1} + (r_\infty - r_k)\hat{F}^{-1} \\
&r_\infty \hat{F} = r_{k+1}\hat{F} + r_\infty - r_k \\
&r_\infty(\hat{F} - 1) = \hat{F} r_{k+1} - r_k \\
&r_\infty = (\hat{F} r_{k+1} - r_k)/(\hat{F} - 1) = 3.5699456
\end{aligned}$$

b) Chaotisches Regime $(r_\infty\ , 4]$

Der chaotische Bereich hat periodische Fenster ("Ordnung im Chaos"). Die r–Fenster sind charakterisiert durch Zyklen der Periodenlänge 3, 5, 6, ... und weiteren Bifurkationen.
Das chaotische Intervall vergrößert sich mit steigendem r, wobei die Iterationen bei $r = 4$ den gesamten Wertebereich $[0, 1]$ überdecken.

$r = 4$: "voll entwickeltes Chaos"

Bei diesem Parameterwert haben wir ein exakt lösbares Modell (siehe Kapitel 3.6), das chaotisches Verhalten zeigt, u.z.

$r = 4$: $$\boxed{x_{n+1} = 4x_n(1 - x_n)}$$

Die elementare Lösungsfunktion lautet

$$\boxed{x_n = \sin^2(2^n \pi x_0) = \sin^2(2^n \arcsin\sqrt{x_0})}$$

wobei $0 \leq x_0 < 1$ eine rationale bzw. irrationale Startzahl $x_0 = q/p$ (q, p - ganzzahlig) sein kann mit unterschiedlichen Konsequenzen, vergleiche dazu das KAM–Theorem im 6. Kapitel.

Rationale Startzahlen liefern Fixpunkte und periodische Zahlenfolgen, z. B.

$$\begin{aligned}
&x_0 = 0 && \rightarrow && x = 0 \\
&x_0 = \tfrac{1}{3} && \rightarrow && x = \tfrac{3}{4} \\
&x_0 = \tfrac{1}{5} && \rightarrow && \text{2er Zyklus} \quad x = (5 \pm \sqrt{5})/8 \\
&x_0 = \tfrac{1}{7} && \rightarrow && \text{3er Zyklus}
\end{aligned}$$

3.4 Schlußfolgerungen aus der logistischen Gleichung

a) Was hat das Ganze mit Physik zu tun?

$\hookrightarrow$ Konzepte, Methoden nützlich für viele Fragestellungen aus Biologie, Medizin, ...

b) Hat die logistische Gleichung physikalische Relevanz?

$\hookrightarrow$ es ist zwar eine Modellgleichung für nichtlineare Systeme, aber sie zeigt das Typische: Bifurkationskaskade als Weg zum Chaos (Feigenbaum–Szenario), sensitive Abhängigkeit von der Änderung der Anfangsbedingungen, u.v.a.m.

c) Was kann man analytisch berechnen?

$\hookrightarrow$ Langzeitverhalten und seine Stabilität

Es dauerte ca. 10 Jahre, ein solch einfaches Modell wie die logistische Gleichung vollständig zu verstehen.

3.5 Stabilitätsanalyse für die logistische Abbildung

Fixpunkt einer diskreten Abbildung $x_{n+1} = f(x_n)$:
x heißt Fixpunkt, wenn $x = f(x)$ gilt.

Völlig analog der dynamischen Gleichung $\dot{x} = f(x)$:
x heißt Fixpunkt, wenn $\dot{x} = 0$ bzw. $f(x) = 0$

Berechne x : $x = rx(1-x)$: quadratische Gleichung

$$\begin{aligned} &rx - rx^2 - x = 0 \\ &rx^2 + x(1-r) = 0 \\ &x^2 + \tfrac{1-r}{r}x = 0 \quad \rightarrow \quad x(x + \tfrac{1-r}{r}) = 0 \end{aligned}$$

Lösungen: $x^{(1)} = 0 \; ; \; x^{(2)} = 1 - 1/r$: Fixpunkte

Stabilität von Fixpunkten:

Verhalten von kleinen Störungen Δx_n in der Nähe der Fixpunkte. Berechnung der ersten Ableitung am Fixpunkt.

Wir betrachten zwei benachbarte Punkte (Trajektorien) $x_n \; ; \; y_n = x_n + dx_n$ und nehmen eine Taylorentwicklung vor:

$$y_{n+1} \equiv x_{n+1} + dx_{n+1} = f(y_n) \equiv f(x_n + dx_n)$$
$$x_{n+1} + dx_{n+1} \approx f(x_n) + f'(x_n)dx_n$$
$$\rightarrow dx_{n+1} = f'(x_n)dx_n \equiv \mu_n dx_n,$$

wobei

$$\mu_n = |f'(x_n)| = \begin{cases} > 1 & \text{Expansionsrate (instabil)} \\ < 1 & \text{Kompressionsrate (stabil)} \end{cases}$$

Gilt

$$dx_{n+1} = \mu dx_n \quad \rightarrow \quad dx_n = \mu^n dx_0 \quad \text{exponentielle Dynamik}$$

dann

$$dx_n = \mu^n dx_0 = e^{\lambda n} dx_0 \quad \Rightarrow \quad e^{\lambda} = \mu$$

somit

$$\Rightarrow \lambda = \ln \mu = \begin{cases} > 0 & \text{Instabilität} \\ < 0 & \text{Stabilität} \end{cases}$$

Analog folgt: $dx_n = dx_0 \prod_{i=0}^{n-1} \mu_i = dx_0 e^{\lambda n}$

$\Rightarrow$ Definition des Ljapunov–Exponenten

$$\lambda = \lim_{n \to \infty} \frac{1}{n} \sum_{i=0}^{n-1} \ln \mu_i = \lim_{n \to \infty} \frac{1}{n} \sum_{i=0}^{n-1} \ln |f'(x_i)|$$

Berechne 1. Ableitung an den Fixpunkten

$$\mu = f'(x) \quad \text{bzw.} \quad \lambda = \ln \mu = \ln |f'(x)|$$

Da

$$f(x) = rx(1-x) \quad \text{und} \quad f'(x) = r(1-2x)$$

folgt somit

$$\lambda^{(1)} = \ln[r|(1-2x^{(1)})|] = \ln r \;\; \lambda^{(2)} = \ln[r|(1-2x^{(2)})|] = \ln[r|1-2+2/r|] = \ln|2-r|$$

Die Fixpunkte sind stabil für $\lambda < 0$ bzw $\mu < 1$, d.h.

$\Rightarrow r_{cr}^{(1)} = 1 \rightarrow$ Umschlag der Stabilität von $x^{(1)} = 0$ nach $x^{(2)} = 1 - 1/r$
$\Rightarrow r_{cr}^{(2)} = 3 \rightarrow$ Verlust der Stabilität von $x^{(2)}$

Wir erhalten das bereits bekannte Ergebnis:

$x^{(1)} = 0$ ist stabil für $0 < r \leq 1$ mit $\lambda^{(1)} = \ln r$ und
$x^{(2)} = 1 - 1/r$ ist stabil für $1 < r \leq 3$ mit $\lambda^{(2)} = \ln|2-r|$.

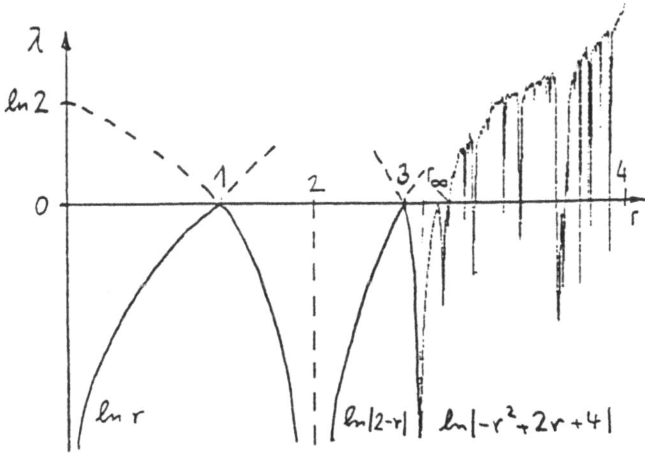

Fig. 3.6 Darstellung des Stabilitätskoeffizienten λ (Ljapunovexponent) über dem Kontrollparameter r

Neben den Fixpunkten (stationäre Zustände) existieren periodische Lösungen (2^k–Zyklus: $k = 1, 2, 3, \ldots$), d.h. beim Langzeitverhalten pendelt x_n ständig zwischen 2^k Werten.

Wir untersuchen den einfachsten Fall: *2er Zyklus*

Fixpunktgleichung: $x = f(f(x)) \equiv f^2(x)$

$$x_{n+2} = rx_{n+1}(1 - x_{n+1}) = r^2 x_n(1 - x_n)(1 - rx_n(1 - x_n))$$

$x = r^2x(1 - x)(1 - rx(1 - x))$
$0 = r^2x(1 - x)(1 - rx + rx^2) - x$
$0 = x[r^2(1 - x)(1 - rx + rx^2) - 1]$
$\hookrightarrow$ spalte alte 1. Lösung $x^{(1)} = 0$ ab

$0 = r^2(1 - x)(1 - rx + rx^2) - 1$
$0 = r^2(1 - rx + rx^2 - x + rx^2 - rx^3) - 1$
$0 = r^2(1 - x - rx + 2rx^2 - rx^3) - 1$
$0 = r^2 - 1 - r^2x(r + 1) + 2r^3x^2 - r^3x^3 \quad | * (-\frac{1}{r^3})$
$x^3 - 2x^2 + x(1 + 1/r) - \frac{1}{r}(1 - 1/r^2) = 0$
$\hookrightarrow$spalte alte 2. Lösung $x^{(2)} = 1 - \frac{1}{r} \Rightarrow x - (1 - \frac{1}{r}) = 0$ ab

$$[x^3 - 2x^2 + x(1 + 1/r) - \tfrac{1}{r}(1 - 1/r^2)] : [x - (1 - \tfrac{1}{r})] = x^2 - (1 + \tfrac{1}{r})x + \tfrac{1}{r}(1 + \tfrac{1}{r})$$

$x^3 - 2x^2 + x(1 + 1/r) - \frac{1}{r}(1 - \frac{1}{r^2}) = 0$
$[x - (1 - \frac{1}{r})] * [x^2 - (1 + \frac{1}{r}) * x + \frac{1}{r}(1 + \frac{1}{r})] = 0$
$\Uparrow$ $\qquad\qquad\qquad \Uparrow$
$x^{(2)}$ $\qquad\qquad\qquad x^{(3),(4)}$

Diese quadratische Gleichung $x^2 + px + q = 0$ liefert die ersten periodischen Lösungen:

$$\begin{aligned} x^{(3),(4)} &= \frac{1}{2}(1 + \frac{1}{r}) \pm \sqrt{\frac{1 + 2/r + 1/r^2}{4} - \frac{1}{r}(1 + \frac{1}{r})\frac{4}{4}} \\ &= \frac{1}{2}(1 + \frac{1}{r}) \pm \frac{1}{2}\sqrt{1 + \frac{2}{r} + \frac{1}{r^2} - \frac{4}{r} - \frac{4}{r^2}} \\ &= \frac{1}{2}(1 + \frac{1}{r}) \pm \frac{1}{2}\sqrt{1 - \frac{2}{r} - \frac{3}{r}} \end{aligned}$$

$$x^{(3),(4)} = \tfrac{1}{2}(1+\tfrac{1}{r}) \pm \tfrac{1}{2r}\sqrt{r^2-2r-3}$$

$x^{(3),(4)}$ ist die erste periodische Lösung; sie ist stabil ab $r = 3$.

$$\begin{aligned}
f(x) &= rx(1-x) \quad ; \quad f'(x) = r(1-2x) \\
f'(x^{(3)}) &= r(1-(1+\frac{1}{r}) - \frac{1}{r}\sqrt{r^2-2r-3}) \\
&= -1-\sqrt{r^2-2r-3} = -(1+\sqrt{r^2-2r-3}) \\
f'(x^{(4)}) &= r(1-(1+\frac{1}{r}) + \frac{1}{r}\sqrt{r^2-2r-3} = -(1-\sqrt{r^2-2r-3}
\end{aligned}$$

$$\begin{aligned}
\mu^{(3),(4)} &= f'(x^{(3)})f'(x^{(4)}) = (1+\sqrt{r^2-2r-3})(1-\sqrt{r^2-2r-3}) \\
&= 1-(r^2-2r-3) = -r^2+2r+4
\end{aligned}$$

$$\lambda^{(3),(4)} = \ln|-r^2+2r+4| \quad \text{Ljapunovexponent}$$

Die Grenzen folgen aus

$$-r^2+2r+4 = -1 \rightarrow r^2-2r-4-1 = 0 \rightarrow r_{cr} = 1 \pm \sqrt{1+5} = 1+\sqrt{6}$$

$$-r^2+2r+4 = +1 \rightarrow r^2-2r-4+1 = 0 \rightarrow r_{cr} = 1 \pm \sqrt{1+3} = 3$$

$$r^2-2r-4 = 0 \quad \rightarrow r = 1 \pm \sqrt{1+4} = 1+\sqrt{5} \quad \text{(Symmetrieachse)}$$

$$x^{(3),(4)} \quad \text{ist stabil für} \quad 3 < r \leq 1+\sqrt{6}$$

3.6 Voll entwickeltes Chaos für r = 4

Die logistische Abbildung kann bei $r = 4$ durch eine Variablentransformation analytisch gelöst werden.

$$x_n = \tfrac{1}{2}[1-\cos(2\pi y_n)] \equiv h(y_n) \quad : \text{Variablentransformation}$$

Aus $x_{n+1} = 4x_n(1-x_n)$ folgt

$$\begin{aligned}\tfrac{1}{2}[1-\cos(2\pi y_{n+1})] &= 4\tfrac{1}{2}[1-\cos(2\pi y_n)][1-\tfrac{1}{2}+\tfrac{1}{2}\cos(2\pi y_n)]\\ &= [1-\cos(2\pi y_n)][1+\cos(2\pi y_n)] = 1-\cos^2(2\pi y_n)\\ &= 1-\tfrac{1}{2}[1+\cos(4\pi y_n)] = \tfrac{1}{2}[1-\cos(4\pi y_n)]\end{aligned}$$

Somit ergibt sich aus

$$\tfrac{1}{2}[1-\cos(2\pi y_{n+1})] = \tfrac{1}{2}[1-\cos(4\pi y_n)]$$

die Lösung

$$y_{n+1} = 2y_n \mod 1 \qquad \text{bzw.} \qquad y_n = 2^n y_0 \mod 1$$

Einsetzen in x_n liefert:

$$\boxed{x_n = \tfrac{1}{2}[1-\cos(2\pi 2^n y_0)] = \sin^2(\pi 2^n y_0)}$$

wobei wegen $x_0 = \frac{1}{2}[1-\cos(2\pi y_0)] = \sin^2(\pi y_0)$ für y_0 gilt: $y_0 = \frac{1}{2\pi}\arccos(1-2x_0) = \frac{1}{\pi}\arcsin\sqrt{x_0}$.

Der Ljapunovexponent hat für $r = 4$ den Wert $\lambda = \ln 2$.

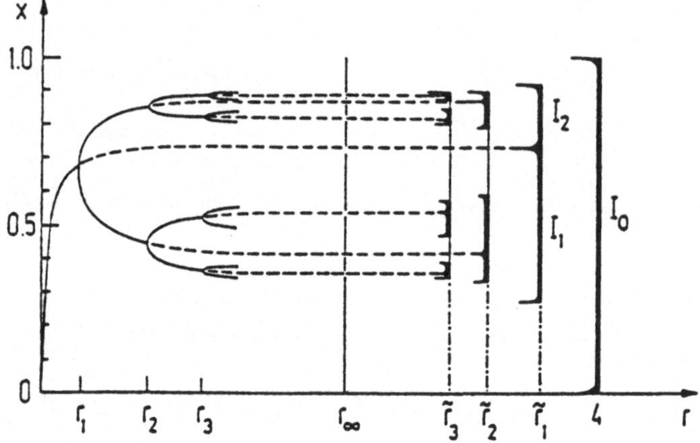

Fig. 3.7 Bifurkationskaskade im Bereich $r < r_\infty$ und ihr inverses Analogon für $r > r_\infty$ (nach Schuster, Deterministic Chaos)

Im chaotischen Regime $(r_\infty, 4]$ existiert eine inverse Kaskade von Bifurkationen analog dem Feigenbaum–Szenario für den Bereich $(0, r_\infty]$.

Kapitel 4

Klassische mechanische Systeme

4.1 Beispiele nichtlinearer Systeme aus der Mechanik

Definition: **Nichtlineares dynamisches System**

- *Zustandsraum*: Menge von unabhängigen Variablen $\underline{x} = (x_1, x_2, \ldots, x_n)$, diese Größen x_i spannen einen Zustandsraum der Dimension n auf

- *Evolutionsgleichung*: Zeitentwicklung der Größen x_i $(i = 1, 2, \ldots, n)$ ist durch einen Satz von Bewegungsgleichungen determiniert

$$\boxed{\frac{d}{dt} x_i = f_i(x_1, x_2, \ldots, x_n)}$$

- *Anfangsbedingung*: Weiterhin existiert eine Anfangsbedingung zur Zeit t_0: $\underline{x_0} = (x_1(t_0), x_2(t_0), \ldots, x_n(t_0))$.

Die Lösung des dynamischen Systems bestimmen heißt: Man suche die Trajektorie, die ausgehend von x_0, im Laufe der Zeit durchlaufen wird. Insbesondere interessieren Langzeitlösungen für $t \to \infty$, die es erlauben, eine qualitative Analyse der Topologie des Zustandsraumes vorzunehmen. Verwende dazu die qualitative Theorie der Differentialgleichungen, die bereits im 2. Kapitel ausführlich dargestellt wurde.

Die Einteilung der nichtlinearen Systeme ist nach verschiedenen Varianten möglich. Aus der Sicht der Physik ist folgendes Schema denkbar:

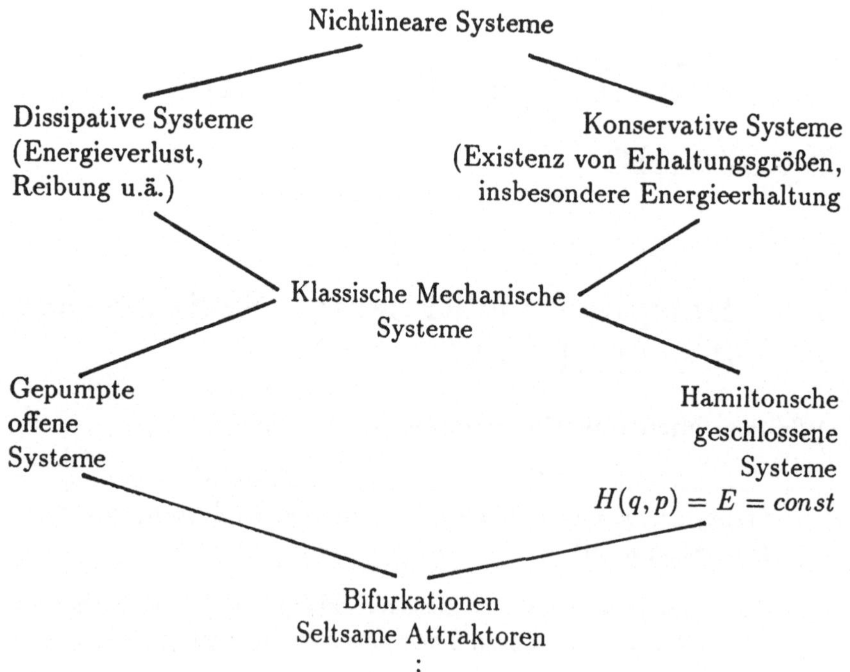

Ein repräsentatives Beispiel für ein gepumptes dissipatives System ist das mathematische Pendel mit Reibung und äußerer periodischer Anregung.

Mit den Variablen Auslenkwinkel α und Winkelgeschwindigkeit $\dot{\alpha}$ lautet die

Newtonsche Bewegungsgleichung:

$$m\ddot{\alpha} + \gamma\dot{\alpha} + \omega_0^2 \sin\alpha = A\cos(\omega t)$$

m = Masse , γ = Dämpfungskoeffizient
ω_0 = Eigenfrequenz der freien ungedämpften Schwingung
A = Amplitude der treibenden Kraft
ω = Frequenz der äußeren Kraft
$\rightarrow$ 3 Kontrollparameter: $(A\ ,\omega,\ \gamma)$

Setze zur Vereinfachung: $m = 1$ kg , $\omega_0^2 = 1\ \mathrm{s}^{-1}$

Dieses mechanische schwingungsfähige System, beschrieben durch die nichtlineare Gleichung

$$\ddot{\alpha} + \gamma\dot{\alpha} + \sin\alpha = A\cos(\omega t)$$

zeigt chaotisches Verhalten, falls die Stärke der treibenden Kraft (äußere Anregung) einen gewissen kritischen Wert A_c übersteigt.

Wichtig: Die linearisierte Version des Pendels ($\sin\alpha \approx \alpha$) ist exakt lösbar und zeigt kein Chaos.

$A < A_c$

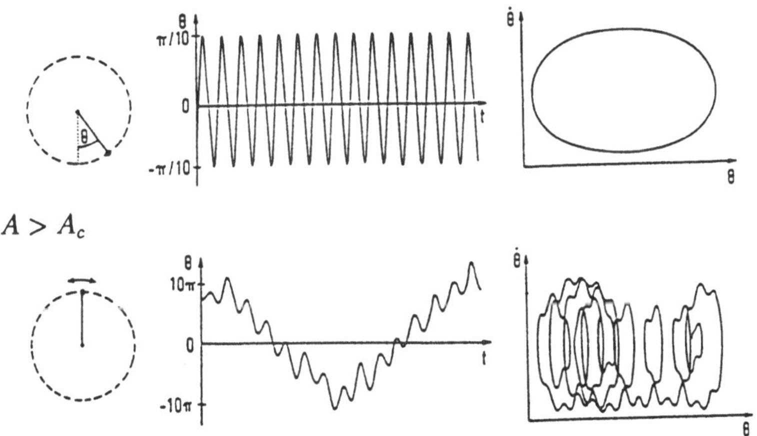

Fig. 4.1 Periodisches und chaotisches Verhalten eines nichtlinearen Pendels bei unterkritischer ($A < A_c$) bzw. überkritischer ($A > A_c$) äußerer Anregung

Weitere bekannte nichtlineare Beispiele sind:

- van der Pol Oszillator
- Pohlsches Rad mit Unwucht
- Duffing Oszillator
- Kettenkarussell
- Schwingende Atwood Maschine
- Doppelpendel
- elektrische Schwingkreise mit nichtlinearen Kennlinien

Von besonderem Interesse sind zur Zeit die *Tischbillardsysteme.*

Das physikalische System Tischbillard besteht aus einem Massenpunkt, der sich völlig reibungsfrei auf einem Tisch (Fläche) bewegen kann und elastische Stöße mit einer geschlossenen Randkurve C ausführt. Es gibt zwei unabhängige Variable: $\{s, p = \cos\alpha\}$ s - Ort , p - Impuls.

Ein typischer Vertreter der Tischbillardsysteme ist das Stadionbillard mit den Parametern R und L. Beginnend bei den Startwerten (s_0, p_0) kann die Trajektorie (s_n, p_n) für $n \geq 1$ berechnet werden.

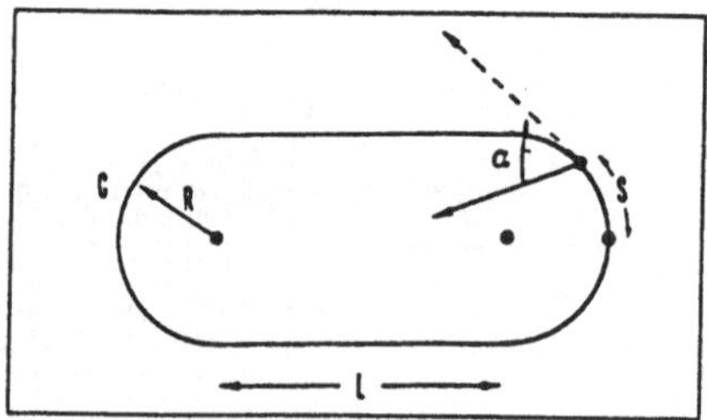

Fig. 4.2 Stadionbilliard mit den Parametern Radius R und Länge L. Die Trajektorienfolge lautet $(s_o, p_o) \rightarrow (s_1, p_1) \rightarrow \ldots \rightarrow (s_n, p_n) \rightarrow$

Zwei Situationen verdienen besonderes Interesse:

Kreisbillard: $L = 0$ (elementare Geometrie)
$p = \cos\alpha_0 = \text{const}$, Bewegung ist periodisch für $\alpha_0 = \pi k/n$ (rationale Zahlen)

Spezielles Stadionsbillard: L = R (einfache Geometrie)
$-1 \leq p \leq 1$ chaotisches Regime
instabile Situationen: $(s = 0, p = 0)$ $(s = \frac{1}{4}L \ldots \frac{3}{4}L, p = 0)$

Reguläres Verhalten
Kreisbillard
$L = 0$

Chaotisches Verhalten
Spezielles Stadion
$L = R$

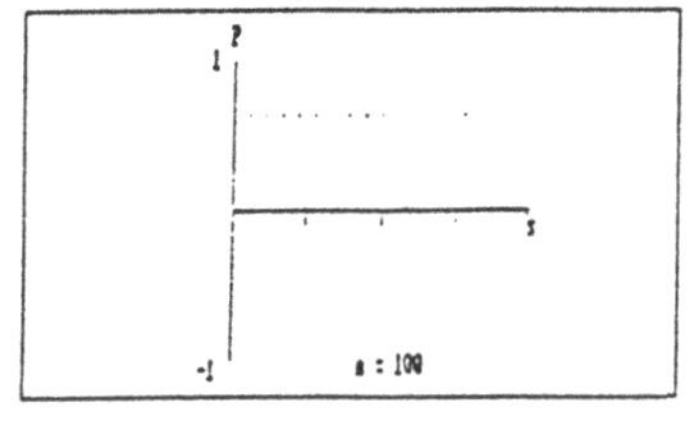

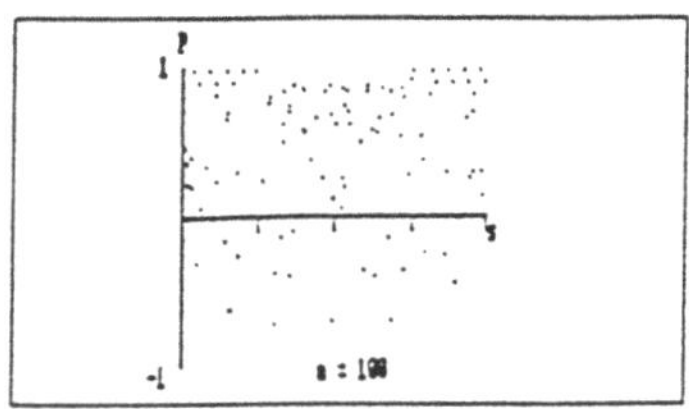

$$d(n) = \left\{[s_1(n) - s_2(n)]^2 + [p_1(n) - p_2(n)]^2\right\}^{1/2}$$

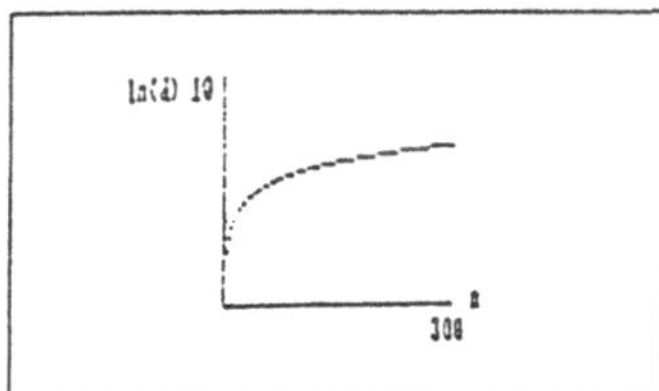

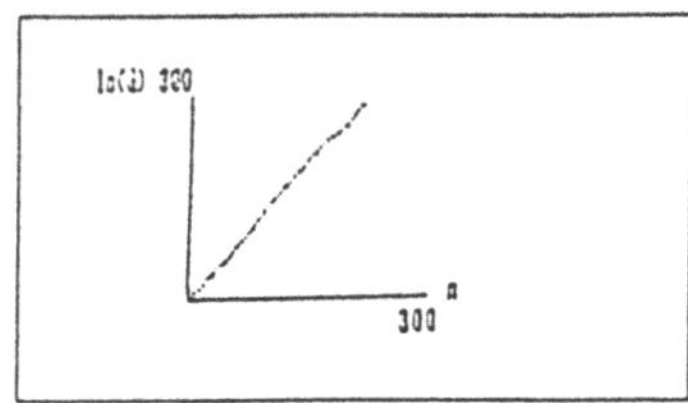

lineare Divergenz
$d(n) = \lambda n d(0)$

exponentielle Divergenz
$d(n) = d(0)e^{\lambda n}$

Fig. 4.3 Reguläres Kreisbillard (links) und chaotisches Stadionbillard (rechts) im Vergleich

Zwei benachbarte Trajektorien:

$$(s_1(0), p_1(0)) \text{ und } (s_2(0) = s_1(0) + \partial s, p_2(0) = p_1(0) + \partial p)$$

Betrachten den Abstand:

$$d(n) = \{[s_1(n) - s_2(n)]^2 + [p_1(n) - p_2(n)]^2\}^{1/2}$$

und zeichnen $d(n)/d(0)$, wobei $d(0) = 10^{-7}$, und erhalten (siehe Fig. 4.3) eine exponentielle Divergenz benachbarter Trajektorien

$$\boxed{d(n) = d(0)e^{\lambda n}} \qquad \text{für } L > 0$$

4.2 Allgemeine Eigenschaften einfacher Systeme

Zustandsraum (2 dim.) wird aufgespannt von:

- Impuls p (oder Geschwindigkeit v)
- Ortsvariable (oder anderer generalisierter Koordinate) x, z.B. Abstand, Winkel, Spannung, Teilchenzahl, ...

Typisches einfaches physikalisches System:

> Massenpunkt bewegt sich mit Geschwindigkeit $v \equiv \dot{x}$ bzw. mit Impuls $p = mv$ unter Einfluß eines Kraftfeldes $F(x)$

Benutze anstelle der Kraft $F(x)$ das Potential $V(x)$ mittels der Definition:

$$F(x) = -\tfrac{d}{dx}V(x)$$

Systeme, die sich durch ein skalares Potential beschreiben lassen, heißen *Gradientensysteme.*

Übliche Beschreibungsvarianten für konservative Systeme:

1. Newtonsche Beschreibung

$$m\ddot{x} = F(x) \quad \text{bzw.} \quad m\ddot{x} + V'(x) = 0$$

2. Lagrangesche Beschreibung

$$L(\dot{x}, x) = \frac{m}{2}\dot{x}^2 - V(x) \ , \ \frac{d}{dt}\frac{\partial L}{\partial \dot{x}} - \frac{\partial L}{\partial x} = 0$$

3. Hamiltonsche Beschreibung

$$H(p, x) = \frac{1}{2m}p^2 + V(x) \ , \ \dot{x} = \frac{\partial H}{\partial p} \ ; \ \dot{p} = -\frac{\partial H}{\partial x}$$

Für das mathematische Pendel gilt:

$$x \ \Rightarrow \ \text{Winkel}\ \alpha \quad , \quad \text{Kraft}\ F(\alpha) \approx -\sin\alpha$$

$$H(\alpha, \dot{\alpha}) \ = \ \frac{1}{2ml^2}p_\alpha^2 - mgl\cos\alpha + V_0$$

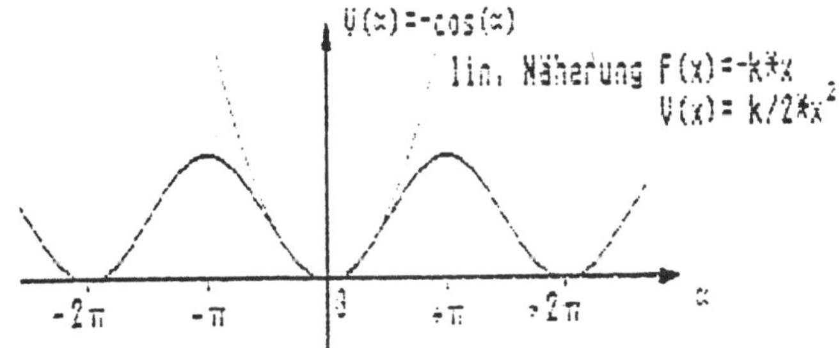

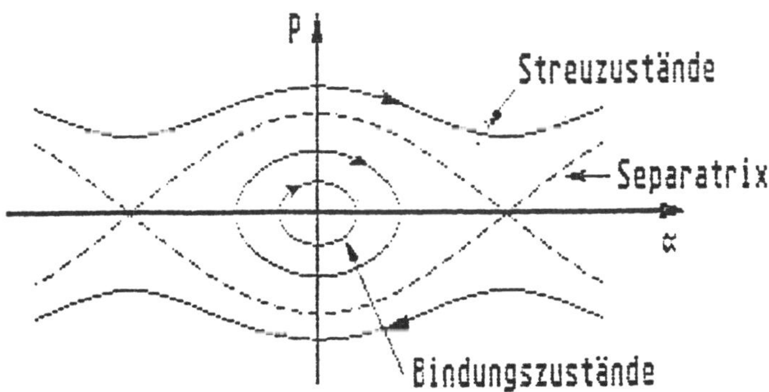

Fig. 4.4 Potential und Phasenraumporträt des mathematischen Pendels

Für einen anharmonischen Oszillator mit kubischer Nichtlinearität-(Kontrollparameter μ) gilt:

$$F(x) = \mu x - x^3 \qquad : \text{Kraft}$$

$$V(x) = -\frac{\mu}{2}x^2 + \frac{1}{4}x^4 \qquad : \text{Potential}$$

Zwei verschiedene Situationen in Abhängigkeit vom Kontrollparameter μ, wobei $\mu_{cr} = 0$: Bifurkationswert.

a) $\mu < 0$ (anziehende Federkraft): Monostabiltät
b) $\mu > 0$ (Abstoßung bei kleinen Auslenkungen): Bistabilität

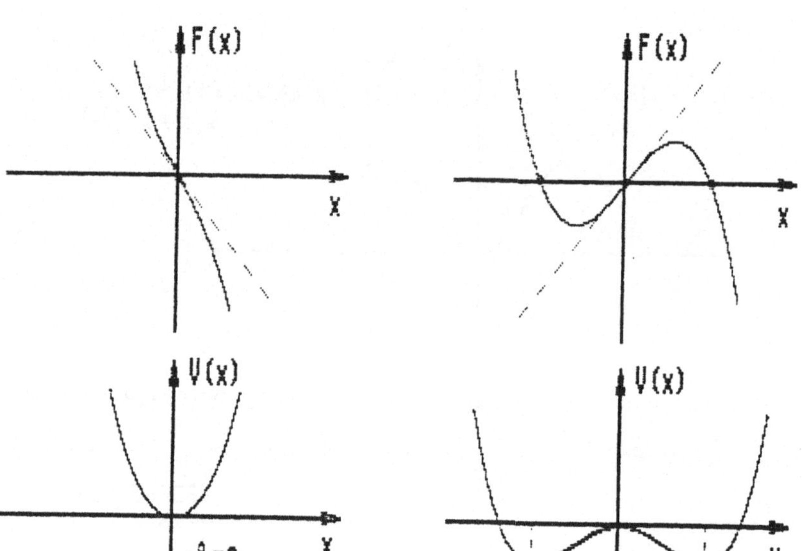

Fig. 4.5 Qualitativ verschiedene Situationen beim anharmonischen Oszillator

Typisch ist die Heugabelbifurkation; eine spontane Symmetriebrechung beim Bifurkationswert $\mu_{cr} = 0$.

Realisiert ist dieses Systemverhalten z.B. bei der Knickung von Stäben (Federmodell), in elektrischen Schaltungen mit nichtlinearen Strom–Spannungs–Kennlinien und chemischen Reaktionen.

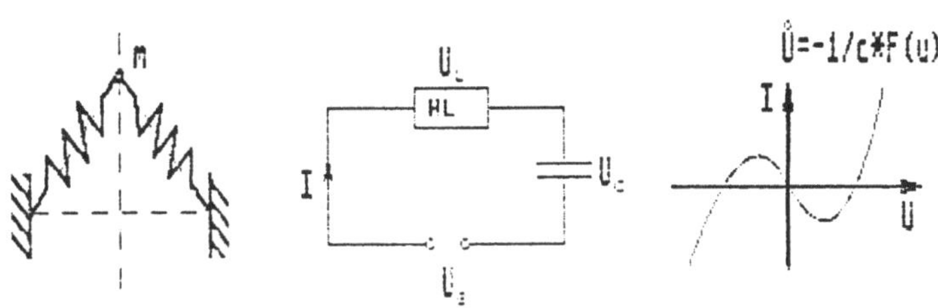

Fig. 4.6 Schematische Darstellung nichtlinearer Systeme aus der Mechanik und Elektrik (Federmodell, Schwingkreis, nichtlineare Halbleiter–Diode)

Für dissipative Systeme gilt:

$$\ddot{x} + \beta\dot{x} + V'(x) = F_{extern}(x)$$

Wirkt z.B. eine konstante äußere Kraft $F_{extern} = \gamma$ auf einen Oszillator, so gilt für die Gesamtkraft

$$F(x) = \mu\ x - x^3 + \gamma$$

und das Potential

$$V(x) = \tfrac{1}{4}x^4 - \tfrac{\mu}{2}x^2 - \gamma\ x\ .$$

Unter Vernachlässigung der Reibung ($\beta = 0$) lautet die Hamilton-Funktion

$$H(p,x) = \tfrac{1}{2m}p^2 + \tfrac{1}{4}x^4 - \tfrac{\mu}{2}x^2 - \gamma\ x\ .$$

Die Fixpunkte sind:

a) $\mu < 0$: System monostabil ; eine stabile Lösung: $x^0 \neq 0$

b) $\mu > 0$: System im Intervall $(-\gamma_c, \gamma_c)$ mit $\gamma_c^2 = \frac{4}{27}\mu^3$ bistabil

Beide stabile Lösungen folgen aus:

$$\gamma = (x^{st})^3 - \mu\, x^{st}$$

Bei langsamer Änderung von γ verbleibt das System im stabilen Lösungszweig, ansonsten erfolgt eine sprunghafte Änderung.

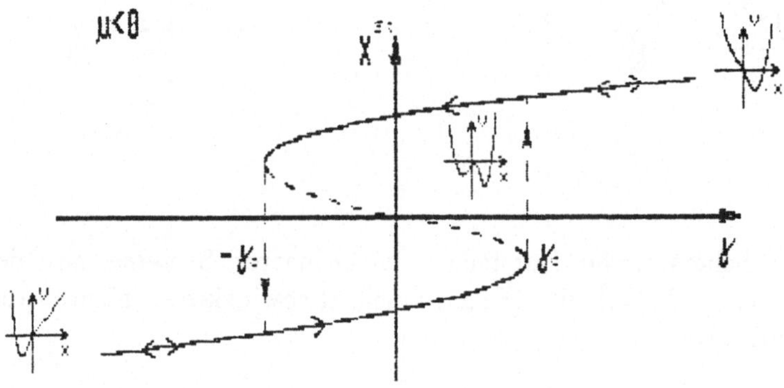

Fig. 4.7 Bistabiles Verhalten eines dissipativen Systems mit der Eigenschaft der Hysterese

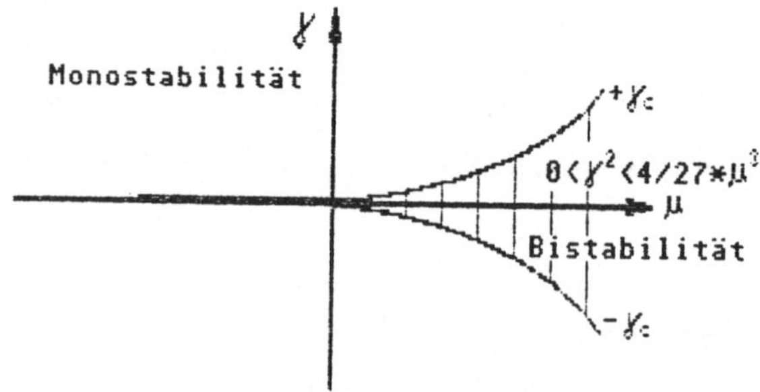

Fig. 4.8 Ebene der Kontrollparameter mit monostabilem bzw. bistabilem Systemverhalten. Die Spitzen–Katastrophe $\{(\mu,\gamma)|0 < \gamma^2 < \frac{4}{27}\mu^3\}$ zeigt Bifurkation, Bistabilität und Hysterese

Realisiert sind Systeme mit kubischen Nichtlinearitäten

$$F(x) = -x^3 + Ax^2 + \mu x + \gamma$$

bei

- Enzymreaktionen, z.B. Schlögl-Reaktion

  $$A + 2X \underset{K_1^-}{\overset{K_1^+}{\Longleftrightarrow}} 3X \quad ; \quad B + X \underset{K_2^-}{\overset{K_2^+}{\Longleftrightarrow}} C$$

  mit autokatalytischen Reaktionsschritten

- mechanischen Systemen, z.B. nichtlineares Kettenkarussell mit der resultierenden Kraft aus Schwerkraft und Zentrifugalkraftkomponente (siehe Abschnitt 4.5)

  $$F = -mg\sin\alpha + m\omega^2(a + l\sin\alpha)\cos\alpha$$

4.3 Resultate für höherdimensionale Systeme

- Anstelle der Bistabilität, wie sie für zweidimensionale Gradientensysteme typisch ist, tritt *Multistabilität*. Diese liegt vor, wenn mehrere Fixpunkte asymptotisch stabil sind.
- Bei Variation von Kontrollparametern kann sich durch *Bifurkation* die Zahl der stabilen bzw. instabilen Attraktoren ändern und *Hysterese* auftreten.
- Neben isolierten Fixpunkten tritt die Existenz von *periodischen Orbits* (geschlossene Grenzkurve) auf.

  ⇒ Satz von Poincaré über die Existenz von Grenzzyklen

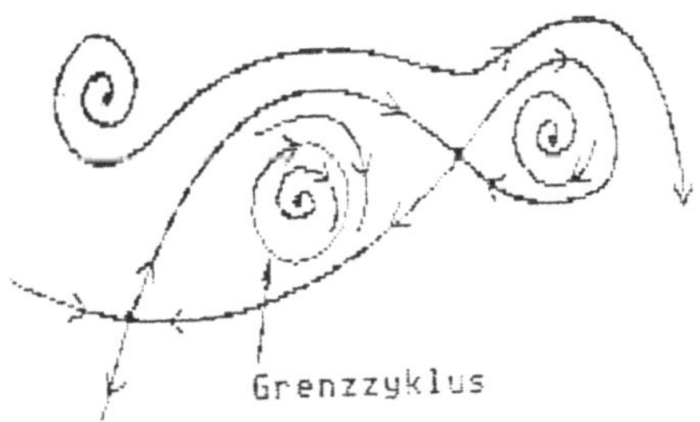

- Je höher die Dimensionalität, um so kompliziertere asymptotische Bewegungen sind möglich.

  $\Rightarrow$ Bewegung für $t \to \infty$ verläuft auf invarianten Tori; topologische Struktur dieser Attraktoren ist sehr oft "blätterteigartig", sog. *chaotische Attraktoren.*

- Elimination schneller Variablen: *Versklavungsprinzip*

4.4 Die Schlögl–Reaktion

Die Reaktionskinetik chemischer Reaktionen führt häufig auf Gleichungen dynamischer Systeme vom Typ

$$\dot{x} = f(x)\ .$$

Betrachten Rohstoffe A und B, Stoffkomponente X und Endprodukt C.

$$A + 2X \underset{K_1^-}{\overset{K_1^+}{\Longleftrightarrow}} 3X\ ; \quad B + X \underset{K_2^-}{\overset{K_2^+}{\Longleftrightarrow}} C$$

Konzentration von A, B und C werden konstant gehalten:

$$n_A = \text{const}\ , \quad n_B = \text{const}\ , \quad n_C = \text{const}$$

Konzentration von X, $n_X(t)$ ist zeitlich variabel und genügt folgender Kinetik:

$$\dot{n}_X = K_1^+ n_A n_X^2 - K_1^- n_X^3 - K_2^+ n_B n_X + K_2^- n_C$$

Diese Bewegungsgleichung kan durch Einführung dimensionsloser Variablen übersichtlicher gestaltet werden.

$$t = \lambda\tau\ ;\ n_X = \kappa x\ ;\ n_A = \alpha A\ ;\ n_B = \beta B\ ;\ n_C = \gamma C$$

$$\frac{dx}{d\tau} = -K_1^- \lambda\kappa^2 X^3 + K_1^+ \lambda\alpha\kappa A X^2 - K_2^+ \lambda\beta B X + K_2^- \lambda\gamma\kappa^{-1} C$$

Setze

$$\kappa = \frac{1}{\sqrt{K_1^- \lambda}} \quad ; \quad K_1^- \lambda\kappa^2 = 1$$

$$\begin{aligned}
\alpha &= \frac{\sqrt{K_1^-}}{k_1^+\sqrt{\lambda}}\ ;\ K_1^+\alpha\lambda\kappa = 1 \to \alpha = \frac{1}{K_1^+\lambda\kappa} = \frac{\sqrt{K_1^-\lambda}}{K_1^+\lambda} \\
\beta &= \frac{1}{K_2^+ * \lambda} \\
\gamma &= \frac{1}{K_2^-\lambda\sqrt{K_1^-\lambda}}
\end{aligned}$$

und $\lambda = 1$ als Zeiteinheit.

→ "dimensionslose“ Bewegungsgleichung der Schlögl–Reaktion

$$\boxed{\dot{x} = -x^3 + Ax^2 - Bx + C}$$

enthält die bekannte kubische Nichtlinearität $F(x) = -x^3 + \mu x + \gamma$.

Transformation auf Normalform mittels $z = x - A/3$ liefert

$$\dot{y} = -y^3 + \mu y + \gamma \quad ,$$

wobei

$$\begin{aligned}
\mu &= A^2/3 - B \\
\gamma &= C - AB/3 + 2A^3/27
\end{aligned}$$

Bistabilität liegt vor für:

$$\left(\mu > 0\,, -\sqrt{\frac{4}{27}\mu^3} < \gamma < +\sqrt{\frac{4}{27}\mu^3}\right)$$

d.h. $B < A^2/3$ und $C_{cr_1} < C < C_{cr_2}$,
wobei $C_{cr_{1,2}} = \frac{AB}{3} - \frac{2*A^3}{27} \pm \frac{2}{27}(A^2 - 3B)^{3/2}$.

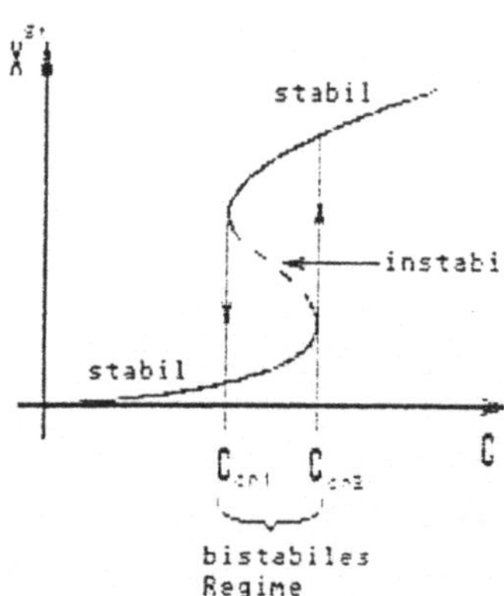

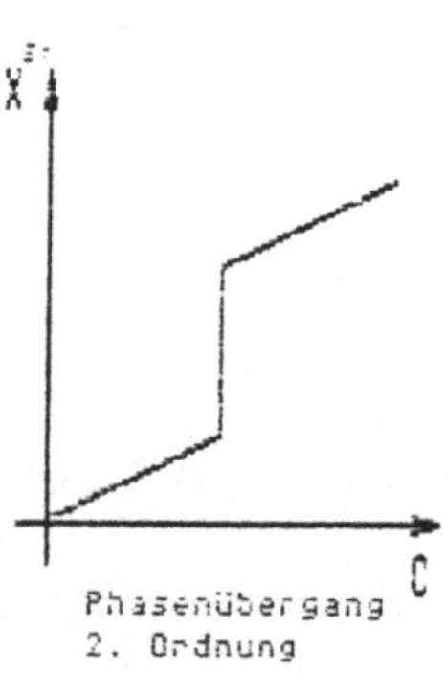

Fig. 4.9 Stationäre Zustände der Schlögl–Reaktion als Funktion des Kontrollparameters C (links) analog einem kinetischen Phasenübergang (rechts)

4.5 Das Kettenkarussell

Wir betrachten jetzt eine klassische mechanische Situation mit Energieerhaltung, u.z. ein Modell des konservativen Kettenkarussells.

Das Modell des Kettenkarussels besteht aus einem ebenen mathematischen Pendel (Kette mit einem Sitz und einem Menschen der Masse m), dessen Aufhängung im Abstand a (Auslegerarm) um die Symmetrieachse mit Kreisfrequenz ω rotiert.

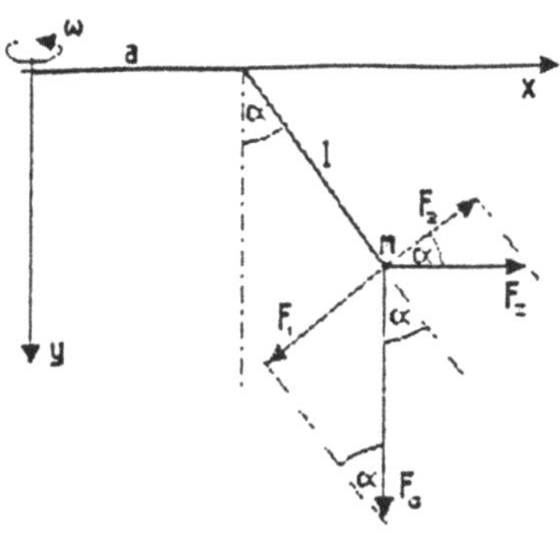

a = Auslegerlänge

l = Pendellänge

m = schwingende Masse

ω = Karusselfrequenz

α = Winkel

Fig. 4.10 Skizze des Kettenkarussells

Schwerkraft : $F_1 = F_G \sin\alpha = mg \sin\alpha$

Zentrifugalkraft : $F_2 = F_Z \cos\alpha = m\omega^2(a + l\sin\alpha)\cos\alpha$

Rücktreibende Kraft:

$$F_R(\alpha) = -F_1 + F_2 = -mg\sin\alpha + m\omega^2(a + l\sin\alpha)\cos\alpha$$

Verwende:

$\omega_0^2 = g/l$	:	Eigenfrequenz des Pendels
$A = a/l$	:	dimensionslose Auslegerlänge
$\Omega = \omega^2/\omega_0^2$	:	dimensionslose Karusselfrequenz (Erregerfrequenz)

Für die Energien gilt

$$T(\dot\alpha) = ml^2\dot\alpha^2/2 \quad : \quad \text{kinetische Energie}$$

$$V(\alpha) = ml^2\omega_0^2[(1-\cos\alpha) - \Omega(A + \tfrac{1}{2}\sin\alpha)\sin\alpha]$$
$$: \quad \text{potentielle Energie}$$

Die Hamilton–Funktion lautet

$$H(p_\alpha, \alpha) = \frac{1}{2ml^2}p_\alpha^2 + V(\alpha)\ ,$$

die kanonischen Bewegungsgleichungen

$$\begin{aligned}\dot{\alpha} &= \frac{\partial H}{\partial p_\alpha} = \frac{p_\alpha}{ml^2} \\ \dot{p}_\alpha &= -\frac{\partial H}{\partial \alpha} = ml^2\omega_0^2[-\sin\alpha + \Omega(A + \sin\alpha)\cos\alpha]\end{aligned}$$

Die Parameterebene wird von A und Ω aufgespannt; der Zeitmaßstab ist durch ω_0^2 determiniert.

Die Gleichgewichtswinkel α_{st} (stationäre Zustände: $p_\alpha = 0, \alpha_{st}$) entsprechen Extrema des Potentials $V(\alpha)$ und folgen mittels $F(\alpha) = -\frac{d}{d\alpha}V = 0$ bzw. $\dot{p}_\alpha = 0$.

Die transzendente Gleichgewichtsgleichung lautet

$$\sin\alpha_{st} = \Omega(A + \sin\alpha_{st})\cos\alpha_{st}$$

und ist nur numerisch lösbar.

Ist kein Ausleger vorhanden ($A = 0$), so findet bei $\Omega_{cr} = 1$ eine symmetrische Heugabel-Bifurkation statt.

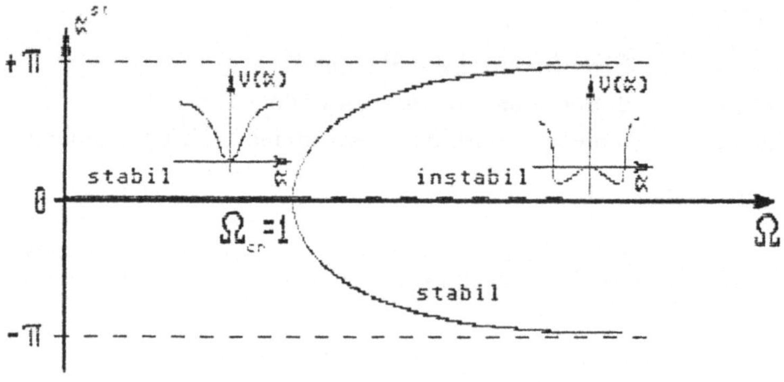

Fig. 4.12 Symmetrische Heugabel–Bifurkation beim Kettenkarussell

Fällt der Aufhängepunkt der schwingenden Masse nicht mit der Symmetrieachse zusammen ($A > 0$), so entsteht eine starke Asymmetrie im Modell, d.h. das bistabile Potential ist nicht mehr symmetrisch.

Für $A > 0$ existieren oberhalb eines kritischen Parameterwertes $\Omega_{cr} > 1$ ebenfalls drei stationäre Lösungen, wobei zwei stabil und eine instabil sind.

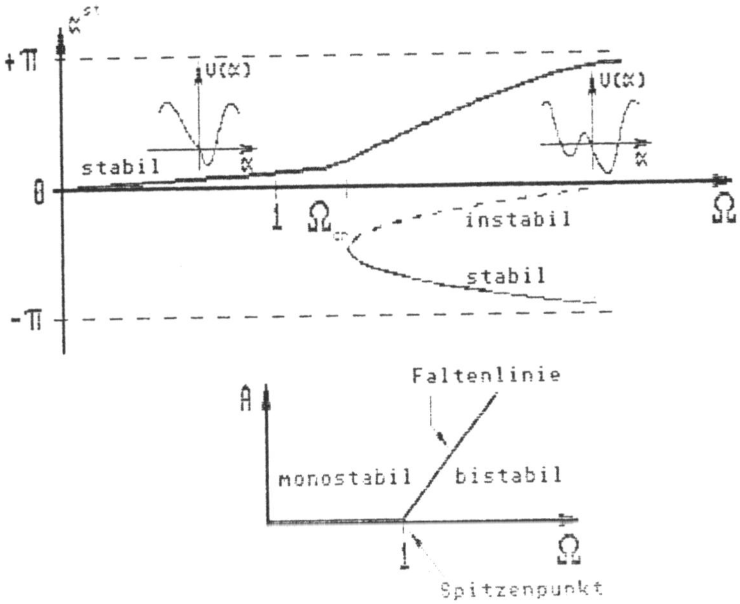

Fig. 4.13 Asymmetrisches Bifurkationsverhalten einschließlich Spitzen - Katastrophe mit Faltenlinie und Spitzenpunkt

Bei Einbeziehung von Reibungskräften und äußerer Anregung (gepumptes dissipatives System) läßt sich der Übergang vom regulären zum chaotischen Systemverhalten demonstrieren. Im symmetrischen Fall ($A = 0$) lauten die Bewegungsgleichungen des dynamische Systems:

$$\begin{aligned}\dot{\alpha} &= \frac{p_\alpha}{ml^2} \\ \dot{p}_\alpha &= ml^2\omega_0^2[-\sin\alpha + \Omega\sin\alpha\cos\alpha] - \varrho p_\alpha + ml^2 f \sin u \\ \dot{u} &= \omega_A\end{aligned}$$

ω_A = Frequenz des eingeprägten äußeren Antriebs
f = Anregungsamplitude

$f = 0$ (System von Umgebung isoliert) : stabiler Punktattraktor
$f \geq 0$ (schwache Kopplung) : Grenzzyklus
$f \gg 0$ (starke Kopplung) : stochastischer Torus - Attraktor

Bei sehr kleiner Anregungsamplitude bleibt die Schwingung auf eine Potentialmulde beschränkt. Ist der Anregungsparameter groß genug, so treten zufällige Übergänge zwischen beiden Potentialminima des bistabilen Potentials auf. Das stochastische Überschwappen der Schwingung führt auf ein typisches chaotisches Pendel mit starker Sensibilität gegenüber winzigen Störungen.

Kapitel 5

Grundideen der Synergetik

5.1 Thermodynamik und Chaos

Nach dem 2. Hauptsatz der Thermodynamik finden in einem abgeschlossenen System solange Zustandsänderungen statt, bis die Entropie ein Maximum erreicht hat.

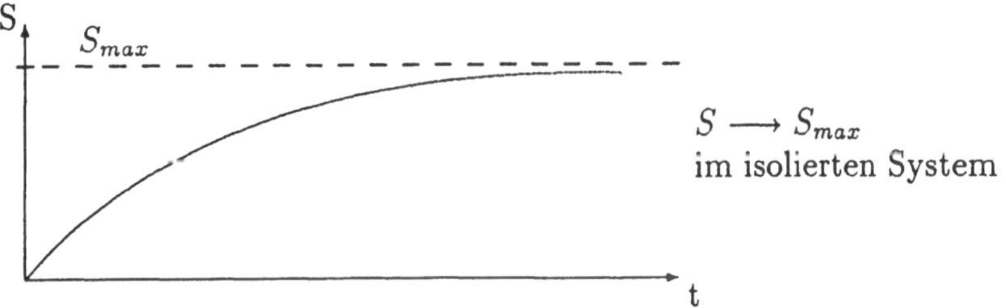

Fig. 5.1 Schematische Darstellung des Entropiewachstums in isolierten Systemen

Ludwig Boltzmann: *Statistische Interpretation*

> Entropie als Maß für den Ordnungszustand physikalischer Mikrosysteme
>
> → Bei allen irreversiblen Prozessen nimmt ständig der Ordnungszustand ab, d.h. die Unordnung wächst

→ Welt strebt einen Zustand des Chaos (Unordnung) zu, der durch den Fehlen jeglicher Unterschiede in den Energieformen und bei den Temperaturdifferenzen charakterisiert ist → „Wärmetod“ nach W. Nernst

Aber: Diese Aussage des Wärmetods steht im Widerspruch zum Vorhandensein und zur Entwicklung hochdifferenzierter biologischer Strukturen.

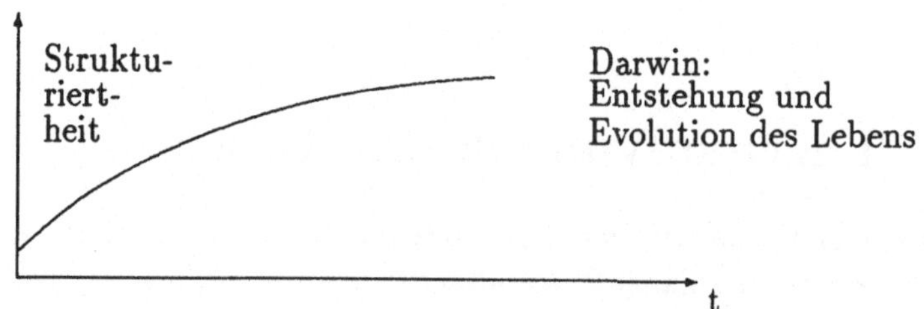

Fig. 5.2 Schematische Darstellung des Anwachsens des Ordnungszustandes in offenen Systemen

Widerspruch: Darwin ⟷ Boltzmann

Wie sind Entstehung und Erhalt hochgeordneter Strukturen (z.B. des Lebens) mit dem Konzept der Thermodynamik im Rahmen der Physik (z.B. der statistischen Interpretation des 2. Hauptsatzes) vereinbar?

1. Lösungsversuch:
Es gibt keine einheitliche konsistente Naturerklärung; z.B. ist das Phänomen Leben nicht physikalischen Gesetzen unterworfen.
→ Ist nicht unser Standpunkt, sondern: Physik ist überall gleich.

2. Lösungsversuch:
Die Entstehung eines makroskopischen Ordnungszustandes aus dem mikroskopischen Chaos ist erklärbar.

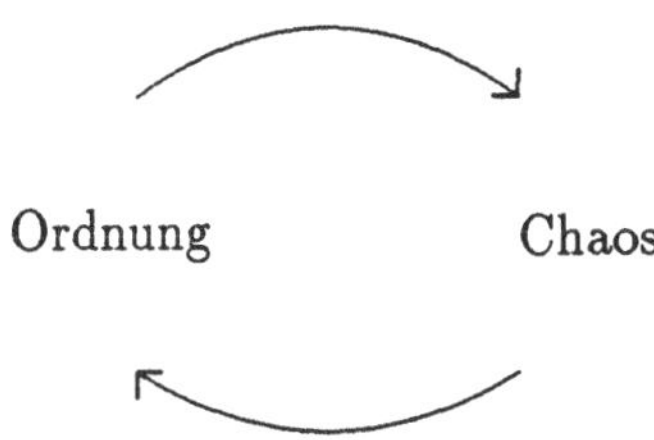

Seit ca. 1970 heißt diese Disziplin „Synergetik", ein von Hermann Haken (Univ. Stuttgart) auf Basis eines griechischen Wortes geschaffener Begriff, der mit „ Wissenschaft von Zusammenwirken " übersetzt werden kann.

Die Synergetik vereinheitlicht diverse Phänomene und Ideen unter einem globalen Gesichtspunkt.

Eine zentrale Frage ist:
Warum zeigen viele Syteme ähnliche Strukturen im Makroskopischen obwohl sie mikroskopisch aus unterschiedlichen Subsystemen bestehen?

Synergetik beschreibt die „kooperative Strukturbildung "; wichtige Säulen sind nach Haken die Begriffe

- Ordnungsparameter (Order parameter)
- Versklavungsprinzip (Slaving)
- Bifurkation (Macroscopic changes, Symmetry breaking)

Wie können nun räumlich-zeitliche Strukturen (dissipative Nichtgleichgewichtsstrukturen) entstehen und existieren?

5.2 Dämonen als Gegenspieler zum Chaos

Die Physik–Geschichte ist reich an Beispielen, mit Hilfe von recht mysteriösen Mechanismen, den sog. Dämonen, das Chaos-Problem zu lösen. Die Dämonen treten als Gegenspieler des 2. Hauptsatzes auf.

Maxwellscher Dämon

Sortiert Teilchen nach ihrer Geschwindigkeit so, das dabei mehr Ordnung auftritt, d.h. eine Verminderung der Entropie erreicht wird.

Fig. 5.3 Wirkungsweise des Maxwellschen Dämons: Entstehung einer Temperaturdifferenz, da Moleküle in zwei Klassen bezüglich der Geschwindigkeit eingeteilt werden

Maxwellscher Dämon betätigt Türklappe, evtl. mit Hilfe von Licht (ein Quant pro Teilchen), das am Molekül gestreut wird. Je nach Streuwinkel (Detektorrichtung) erfolgt Sortierung.

Loschmidtscher Dämon:

Betätigt Zeitumschalter zur Zeitumkehr.

Monodscher Dämon: (aus Buch „Zufall und Notwendigkeit“)

Schwankungssortierer. Fluktuationen, die mit vorrübergehender Entropieabnahme verbunden sind, werden selektiv ausgewählt, so daß „ein makroskopisches System [durch den Zufallsdämon] den Abhang der Entropie wieder hinabsteigt“.

$\Rightarrow$ Dämonen lösen das Problem nicht, da sie grundsätzlich mehr Entropie erzeugen als sie vernichten.

Entropieabsenkung kann nur in *offenen Nichtgleichgewichtssystemen* vorkommen:

Die Bilanz der „Import-Export-Entropie GmbH" im Zusammenwirken mit einer „Produktions-Entropie GmbH"(„2. Hauptsatz") muß eine negative Handelsbilanz aufweisen, siehe auch Kap. 14.

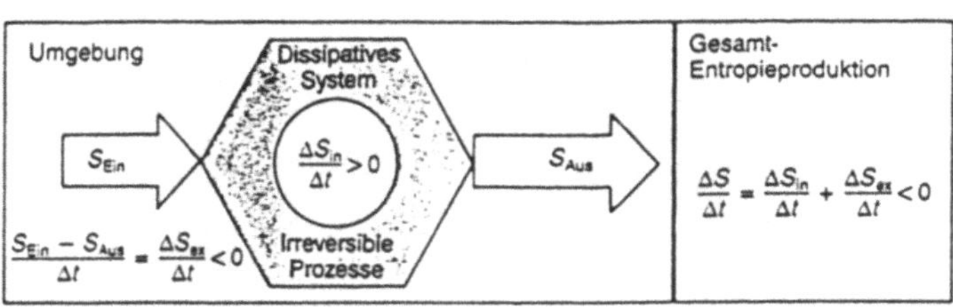

Fig. 5.4 Entropiebilanz eines offenen Systems

5.3 Nichtgleichgewichtssysteme und Ordnung

Es gibt auch Strukturen im Gleichgewicht:

Kristalle ⇒ Atome oder Gitterbausteine sind in regelmäßigen Abständen angeordnet; entstehen aus gesättigten Lösungen durch Abkühlung (Energieentzug)

→ Der geordnete Gleichgewichtszustand ist durch Entzug von Wärme „eingefroren".

Strukturen in offenen Systemen (dissipative Nichtgleichgewichtsstrukturen) sind durch ständige Wechselwirkung mit der Umgebung charateriaiert (Stoffaustausch)

→ Stabilisierung dieser Strukturen notwendig.

Beispiele für räumlich-zeitliche Strukturbildung sind die folgenden:

5.3.1 Bénard-Effekt

Demonstrationsexperiment:

> Silikonöl, dem Aluminiumpulver beigemischt ist, wird in (runder) Pfanne (Dose) erwärmt, Ölschicht (2...3 mm) von unten erhitzt

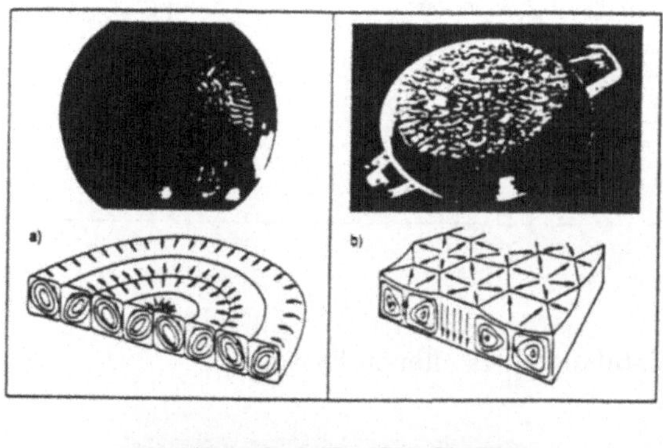

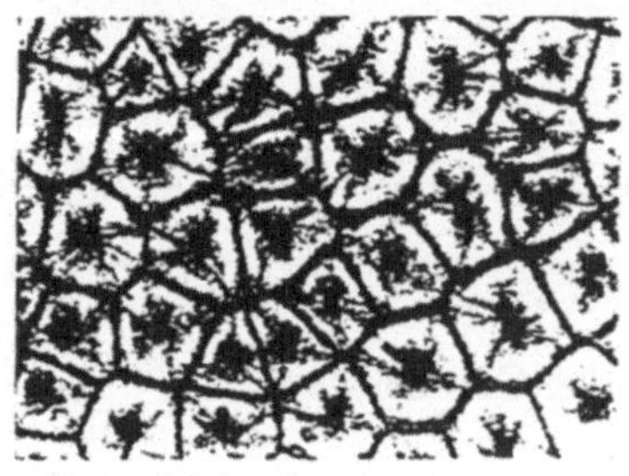

Fig. 5.5 Zellenstruktur beim Bénard-Effekt

Oberfläche homogen und in Ruhe	hexagonale Strömungsmuster (stationäre Zellstrukturen)	Zellstrukturen mit oszillierenden Rändern (Bienenwaben)	Rollzellen mit Walzenstruktur

0 — 1.Bifurkation — 2.Bifurkation — 3. → Ordnungsparameter (Temperaturdifferenz ΔT)

Wärmeleitungsströme (zwischen 0 und 1.Bifurkation)

Wärmekonvektionsströme (zwischen 1. und 2.Bifurkation)

↑ turbulente Konvektion (ab 3.)

5.3.2 Taylor–Instabilität

Demonstrationsexperiment:

> Beobachtung einer Flüssigkeitsschicht (Wasser mit etwas Glyzerin und Al-Pulver vermischt) zwischen zwei rotierenden Zylindern

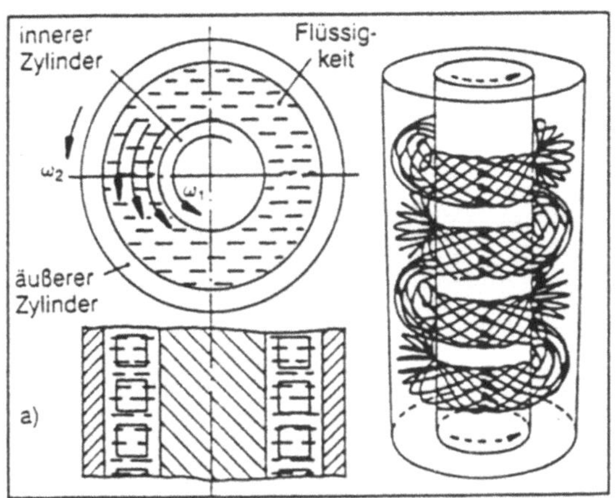

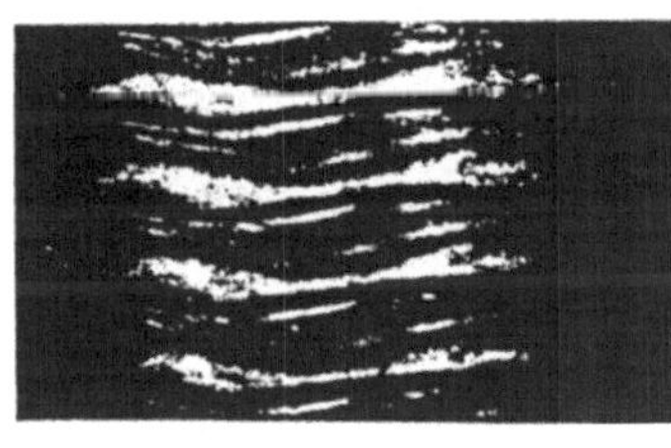
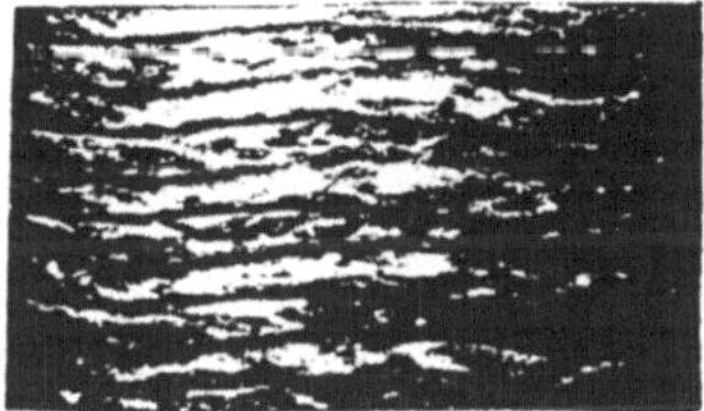

Fig. 5.6 Taylor–Instabilität

Ausbildung hydrodynamischer Strukturen in Abhängigkeit von der Winkelgeschwindigkeit ω_1 bzw. ω_2, mit denen der innere und äußere Zylinder rotiert.

→ zelluläre Strömungsmuster

Analogie zum Bénard-Effekt

5.3.3 Belousov–Zhabotinsky–Reaktion

Chemische Redoxreaktion mit Ce-Ionen

$$Ce^{3+} \rightleftharpoons Ce^{4+}$$

→ Farbwechsel rot ⟷ blau

→ zeitliche Oszillationen, deren Perioden durch Ionenkonzentrationsverhältnisse gegeben sind

→ Konzentrationswanderwellen (räumlich sich bewegende Konzentrationsprofile → z.B. Spiralwellen)

5.3.4 Selbstorganisation und Turbulenz in Flüssigkeiten

Verständnis über laminare und turbulente Strömungen bereicherten u.a. Reynolds (1883), Hagen u. Helmholtz (~1900). Insbesondere wurde die Umströmung eines Zylinders durch eine Flüssigkeit bei verschiedenen Geschwindigkeiten detailliert untersucht.

Die dimensionslose Reynolds–Zahl, definiert als

$$Re = uL/\nu$$

mit ν = kinematische Viskosität
L = typische Längenschale (= Zylinderdurchmesser)
u = mittlere Geschwindigkeit der Strömung

Reynolds-Zahl charakterisiert Abstand vom Gleichgewicht.Sie
→ tritt in der Navier-Stokes-Grundgleichungen auf.

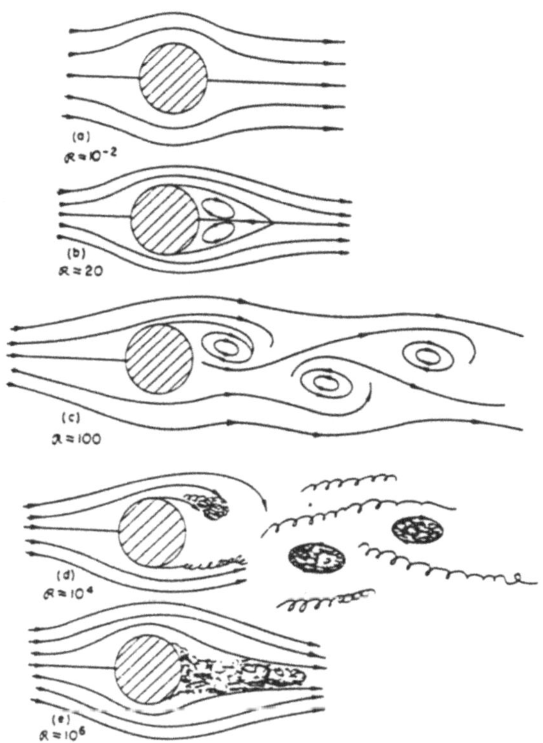

Fig. 5.7 Umströmung eines Zylinders bei verschiedenen Geschwindigkeiten

(a) $Re \approx 10^{-2}$: laminarer Fluß
(b) $Re \approx 20$: stationärer Fluß mit Wirbelpaar
(c) $Re \approx 100$: periodisches Muster mit oszillierenden Wirbeln (Karman'sche Wirbelstraße)
(d) $Re \approx 10^4$: zufälliger zeitlich veränderlicher Strom mit turbulenten Flocken
(e) $Re \approx 10^6$: voll entwickelte Turbulenz

5.4 Synergetische Konzepte

Die Analogie zwischen den in den verschiedenen Beispielen aufgezeigten Phänomene ist evident.

→ Welches sind die Ursachen für die strukturelle Ähnlichkeit?

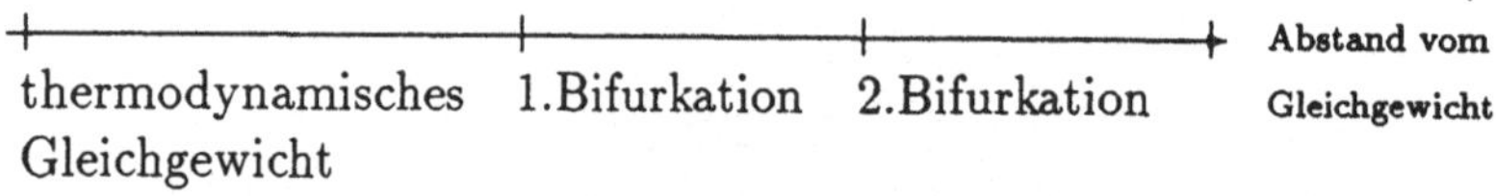

Die Synergetik als „Lehre vom Zusammenwirken“ sucht nach allgemeinen Grundprinzipien, die den Selbstorganisationsprozeß auf makroskopische Ebene beschreiben.

Ausführlich dikutiert am Beispiel des Übergangs vom Lampen– zum Laser–Regime:

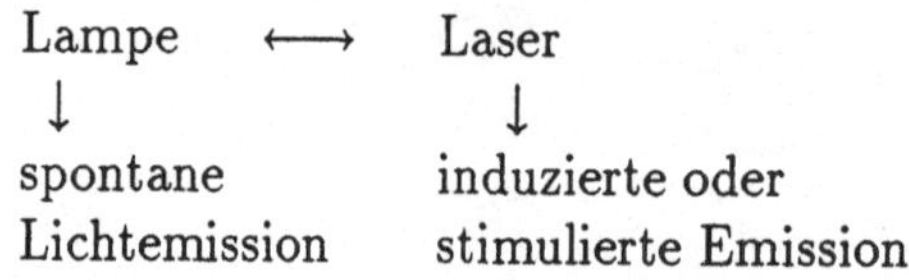

Bei der Laserstrahlung übernimmt die Amplitude der elektrischen Feldstärke $E(t)$ die Rolle des Ordnungsparameters. Er bestimmt den Konkurrenzkampf der von den Atomen regellos abgestrahlten Lichtwellenzüge $E_\lambda(t)$. Setzen wir $E_\lambda(t) \equiv E(t)$, so lautet die fundamentale Lasergleichung

$$\boxed{\frac{d}{dt}E = [(G - G_c)E - \beta E^3] + F_A(t) \equiv F_{Laser}(E)}$$

mit

G = Pumpleistung
G_c = kritische Pumpleistung
$F_A(t)$= äußere (flukturierende) Kraft

Die Lasergleichung ist analog einem mechanischen Modell mit dem bekannten Zusammenhang zwischen der Kraft F und dem Potential V, wobei die Potentialfunktion $V(E)$ mittels

$$\frac{d}{dt}E = -\underbrace{\frac{d}{dE}V(E)}_{\text{Potential}} = \underbrace{F_{Laser}(E)}_{\text{Kraft}}$$

eingeführt wird.

Die Potentialfunktion für die Amplitude der elektrischen Feldstärke lautet:

$$\boxed{V(E) = -\tfrac{1}{2}(G - G_c)E^2(t) + \tfrac{1}{4}\beta E^4(t)}$$

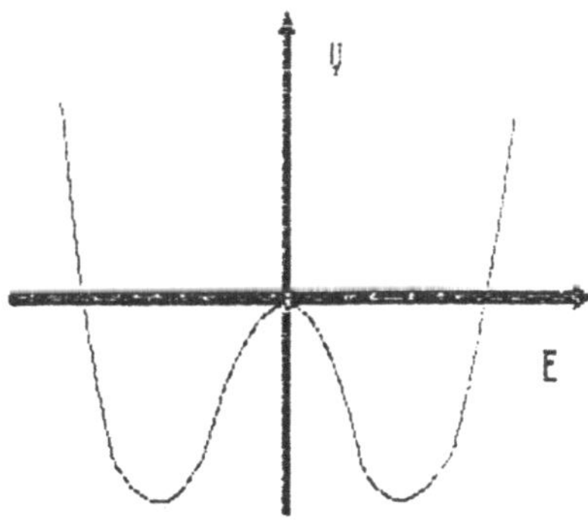

Fig. 5.8 Typisches Doppelmuldenpotential für $G > G_c$

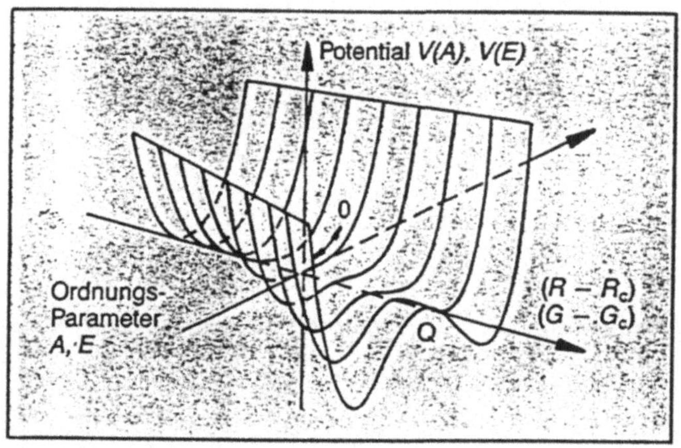

Fig. 5.9 Dreidimensionale Darstellung des Potentials $V(E)$ als Funktion des Ordnungsparameters E bei verschiedenen Werten des Kontrollparameters $G - G_c$

Für die Herausbildung von Ordnungsstrukturen bzw. kollektivem Verhalten ist das einfache Doppelmuldenpotential typisch. Das System kann zwischen zwei Zuständen schalten. Bedingt durch Fluktuationen, geht das System von einem Zustand in den anderen über. Verändert sich die Umgebung des Systems, so erfolgt eine Anpassung, die unter Umständen (Überschreiten eines kritischen Wertes des Kontrollparameters) zur Symmetrie - Brechung führt. Das ehemals bistabile System (Vorrichtung mit Gedächtnis) wird monostabil. Dieser qualitative Symmetriebruch kann als Phasenübergang bezeichnet werden.

Kapitel 6

Das Kolmogorov–Arnold–Moser–Theorem (KAM-Theorem) und einige Konsequenzen

6.1 Einleitung

Bewegungen von Himmelskörpern in ihrer Gleichmäßigkeit und Periodizität galten schon immer als Prototyp einer regulären Bewegungsform, wobei als Maß für die Regularität die Bewegung auf Kreisbahnen betrachtet wurde. Dieses Maß der Regularität wurde auch angewendet zur Beschreibung der Bewegung der Wandersterne (Planeten), deren Bewegung nicht unmittelbar durch Kreisbahnen beschreibbar war, als Überlagerung mehrerer gleichförmiger Kreisbewegungen (Ptolemäus). Von physikalischer Seite fanden diese Ideen ihre Stützung und Widerspiegelung durch das Konzept der natürlichen und erzwungenen Bewegungen (Aristoteles) zur Beschreibung mechanischer Prozesse.

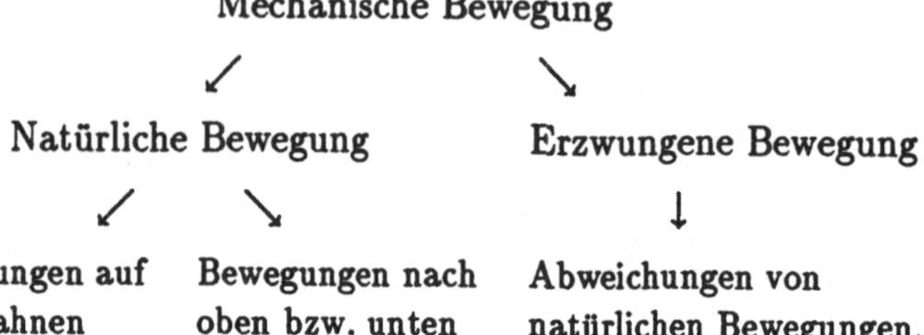

Das Konzept der natürlichen und erzwungenen Bewegungen ist auch in der Newtonschen Mechanik beibehalten, die Vorstellungen, welche Bewegungsformen als natürlich und welche als erzwungen zu verstehen sind, haben sich allerdings wesentlich geändert.

Natürliche Bewegung (1. Newtonsches Axiom)

Gradlinige Bewegung mit konstanter Geschwindigkeit

Erzwungene Bewegungen (2. Newtonsches Axiom)

Abweichungen von einer Bewegung mit konstanter Geschwindigkeit werden hervorgerufen durch Wechselwirkungen mit anderen Körpern (Kräfte)

$$m_k \ddot{\overline{r}}_k = \overline{F}_k \qquad k = 1, 2, \ldots, n$$

Die Etablierung der Newtonschen Mechanik verlief parallel mit der Ersetzung des Ptolemäischen durch das Kopernikanische Weltbild. In der Möglichkeit, die Keplerschen Gesetze ausgehend von der Newtonschen Mechanik zu erhalten, bestand die endgültige Bestätigung dieser neuen Theorien.

Differentialgleichungssysteme von dem Typ, wie sie in der Mechanik zur Beschreibung der Bewegung verwandt werden, haben die folgenden Eigenschaften:

1. Ist für alle n Massenpunkte die Position (Ort) und die Geschwindigkeit zu einem Zeitpunkt t_0 bekannt, so kann der Zustand die-

ses Systems zu beliebigen Zeiten t eindeutig bestimmt werden (Existenz- und Eindeutigkeitssatz).

2. Es gilt ein Satz über stetige Abhängigkeit des Lösungsverhaltens von den Bedingungen zum Zeitpunkt $t = t_0$.

3. Die Bewegung ist reversibel, d.h. vollständig umkehrbar (werden zu einem beliebigen Zeitpunkt $t > t_0$ alle Geschwindigkeiten umgekehrt, so kehrt das System in den Ausgangszustand zurück über die gleiche Folge von Zuständen wie bei der Hinbewegung).

4. Insbesondere die erste dieser Eigenschaften hatte weit über die Mechanik hinausgehende Konsequenzen, z.B. bei philosophischen Diskussionen zum Determinismusbegriff (Laplacescher Dämon, Laplacescher mechanischer Determinismus).

Probleme:

- Gilt das Laplacesche Determinismuskonzept noch, wenn die Möglichkeit des deterministischen Chaos in Betracht gezogen wird?

- Unter welchen Bedingungen ist eine mechanische Bewegung vorhersagbar?

- Welche weiteren Konsequenzen können eventuell aus der Existenz eines deterministischen Chaos in mechanischen Systemen abgeleitet werden?

6.2 Zwei– und Mehrkörperprobleme der Himmelsmechanik

6.2.1 Die Keplerschen Gesetze

Die Analyse der Bewegung der Planeten um die Sonne wird charakterisiert durch drei Gesetzmäßigkeiten, die Kepler aus den Bahnbeobachtungen der Planeten, vorgenommen von Tycho de Brahe, ableitete.

1. Die Bewegung der Planeten erfolgt auf Ellipsenbahnen, in deren einem Brennpunkt sich die Sonne befindet.

2. Ein Leitstrahl von der Sonne zum Planeten überstreicht in gleichen Zeiten gleiche Flächen.

3. Die Quadrate der Umlaufzeiten sind proportional zu den Kuben der großen Halbachsen.

Diese Ergebnisse lassen sich unmittelbar aus der Newtonschen Mechanik ableiten, wenn man die Wechselwirkung zwischen Sonne und Planet durch die Newtonsche Gravitationskraft beschreibt und den Einfluß weiterer Himmelskörper vernachlässigt.
Die Newtonsche Gesetze bestimmen die Form der Planetenbahnen, aber nicht ihre Abmessungen und relative Lage zueinander. Diese ist im Rahmen des diskutierten Herangehens durch die Anfangsbedingungen zum Zeitpunkt t_0 bestimmt.

Frage: Gibt es Möglichkeiten, Aussagen über die Verhältnisse der Bahnradien zu treffen?

6.2.2 Keplers Ideen zur Struktur des Sonnensystems

Keplers eigentliches Ziel bei der Auswertung der Beobachtungsdaten von Tycho de Brahe bestand nicht in der Analyse der Planetenbahnen, sondern in der Lösung des Problems der Struktur des Sonnensystems. Insbesondere ging es ihm um die Klärung der Verhältnisse der Bahnradien der damals bekannten sechs Planeten und der Antwort auf die Frage, warum es gerade sechs Planeten gibt.

Aus Beobachtungen war folgendes bekannt:

Bekannte Planeten und Verhältnisse der Bahnradien

Merkur		Venus		Erde		Mars		Jupiter		Saturn
	1,87		1,38		1,52		3,41		1,83	

Keplers Hypothese:

Gott schuf 6 Planeten, weil es 5 Platonische Körper gibt, d.h. regelmäßige Körper, die durch identische Flächen begrenzt werden. Zwischen jeweils zwei Planetensphären, auf denen sich die Körper bewegen, ist ein Polyeder aufgespannt, das sie auf Abstand hält und gleichzeitig die Verhältnisse der Bahnradien bestimmt.

Wird diese Hypothese akzeptiert, dann müssen die Platonischen Körper nur geeignet angeordnet werden, um eine Übereinstimmung zwischen Theorie und Experiment zu finden.

Keplers Vorschlag und Resultat:

Merkur		Venus		Erde		Mars		Jupiter		Saturn
	Oktaeder		Ikosaeder		Dodekaeder		Tetraeder		Würfel	
	1.55-1.87		1.38		1.38		2.97		1.83	

Die Übereinstimmung zwischen Theorie und Experiment ist offensichtlich recht befriedigend.

Bekanntermaßen ist die Zahl der Planeten nicht sechs und man könnte diese Überlegungen vergessen, wenn es nicht eine auffällige Gesetzmäßigkeit in der Größe der Planetenbahnen gäbe.

6.2.3 Die Titius–Bodesche Beziehung

Bezeichnet man mit a_0 die Länge der großen Halbachse Erde–Sonne (a_0 = 1AE - astronomische Einheit), so kann die Länge der großen Halbachsen der anderen Planeten in guter Näherung aus

$$a_n = a_0 * k^n \qquad k \approx 1.85$$

bestimmt werden. Dabei gilt:

Merkur	Venus	Erde	Mars	Planetoide	Jupiter	Saturn	Uranus	Neptun	Pluto
n: -2	-1	0	1	2	3	4	5	6	7

Erklärungsmöglichkeiten:

- Folge der Evolutionsgeschichte des Planetensystems

- Zahlenverhältnisse ergeben sich aus der Eigendynamik eines wechselwirkenden Mehrkörperproblems

6.2.4 Das eingeschränkte Dreikörperproblem

Im Gegensatz zum Zweikörperproblem existiert keine allgemeine analytische Lösung des Mehrkörperproblems der Himmelsmechanik. Für den Fall des Dreikörperproblems existiert eine Lösung in Form einer absolut und gleichförmig konvergierenden Reihe. Diese Lösung ist praktisch jedoch nicht verwertbar, da sie extrem langsam konvergiert.

Lösungen sind nur möglich für spezielle Fälle:

1. Lagrange 1872

Es existiert eine Lösung des Dreikörperproblems, bei der drei Himmelskörper sich stets in einer Ebene bewegen und die Eckpunkte eines gleichseitigen Dreiecks bilden. Die Stabilität dieser Lösung gegenüber kleinen Störungen wurde 1967 vom Ehepaar Desprit nachgewiesen.

Anwendungen:

- Positionierung von Satelliten

- Bei den als "Trojanern" und "Griechen" bezeichneten Planetoiden handelt es sich um Gruppen von Planetoiden, die mit Sonne und Jupiter gleichseitige Dreiecke bilden und die Sonne synchron mit dem Jupiter umlaufen.

2. Poincaré

Im Zusammenhang mit dem Einfluß von kleinen Störungen auf die Stabilität von Planetenbahnen betrachtete Poincare ein Zweikörperproblem, dessen Bewegung durch eine charakteristische Frequenz ω_1 beschrieben wird. Auf diese Bewegung wirkte eine Störung mit der charakteristischen Frequenz ω_2.

Für rationale Werte des Frequenzverhältnisses $\omega_1/\omega_2 = p/q$ ergeben sich die folgenden Resultate:

1. Bahnen, die einem möglichst großen Abstand von dem störenden Körper entsprechen, sind stabil (stabile Resonanz).

2. Bahnen mit einem minimalen Abstand von der Störung sind ein Zentrum chaotischer Bewegungen (instabile Resonanz).

Zwischen beiden Extrema gibt es einen Übergangsbereich mit einer Vielzahl verwickelter Möglichkeiten. Der Effekt der Destabilisierung bestimmter Bahnen tritt dabei für beliebig kleine Störungen auf.

Beispiel: Die Bahn des Saturn um die Sonne wird durch den Jupiter gestört. Der Jupiter umläuft die Sonne fünfmal bei zwei Umdrehungen des Saturns.

Konsequenz: Durch die Einwirkung eines störenden dritten Körpers werden bestimmte Bahnkurven nicht beeinflußt und andere destabilisiert. Das bedeutet, daß die Wechselwirkung mehrer Körper eine Strukturierung des Sonnensystems aber auch eine Destabilisierung des Sonnensystems ermöglichen kann.

Frage: Was ergibt sich bei irrationalen Frequenzverhältnissen?

Die möglichen Bewegungen eines Dreikörperproblems lassen sich an folgendem vereinfachten Modell studieren:

Zwei Massen M rotieren auf Elipsenbahnen um einen gemeinsamen Schwerpunkt. Im Feld dieser Massen bewege sich ein Körper m. Die Bewegung dieser Masse kann in Abhängigkeit von den Anfangsbedingungen und der Exzentrizität der Ellipsenbahnen der Massen M sowohl reguläre als auch chaotische Verhaltensweisen zeigen. Es besteht sogar die Möglichkeit, daß Resonanzeffekte zu einem Verlassen des Einzugsbereiches der Massen M führen. Dabei spielen wieder Frequenzverhältnisse eine wesentliche Rolle.

6.3 Das Kolmogorov – Arnold – Moser–Theorem

6.3.1 Rationale und irrationale Zahlen

Der goldene Schnitt

Im Mittelalter spielte in zahlreichen Diskussionen ein Verhältnis eine Rolle, das als goldener Schnitt bezeichnet wird. Setzt man die Gesamtlänge einer Strecke gleich Eins, so wird dieser *goldene Schnitt* definiert durch

$$(1-g)/g = g/1$$

Es folgt unmittelbar $g^2 + g - 1 = 0$. Weitere Darstellungen von g sind möglich durch $g^3 = 2g - 1$, $g^4 = 3g - 2$ usw.

Die goldene Zahl hat vielfältige Anwendungen in der Kunst:

- Ästhetisch schöne Rechtecke haben ein Verhältnis von Grundlänge zu Höhe a/b in der Nähe des goldenen Schnitts.
- Eine Farbe ist besonders auffällig, wenn sie ca. 37% eines Bildes füllt.
- An Häusern werden Anteile von 37% der sichtbaren Dachfläche an der Fassade bzw. Oberfläche von 37% von Fenstern und Türen als besonders schön empfunden

Für unsere Betrachtungen ist eine andere Eigenschaft von Bedeutung: g gehört zu den irrationalsten Zahlen.

Kettenbruchdarstellungen und Grad der Irrationalität einer Zahl

Beispiel: Gibt man die Zahl π an als $\pi = 3.14 = \frac{314}{100}$, so ist diese Darstellung auf 1/100 genau. π kann aber schon wesentlich besser durch 22/7 approximiert werden. Der Bruch 355/113 nähert π mit einer Genauigkeit von 10^{-7}.

Das Problem, eine Zahl möglichst genau zu nähern, besteht also in der

Wahl geeigneter Nenner. Diese geeignetsten Nenner findet man durch *Kettenbruchdarstellungen.*

Beispiel:

$$\begin{aligned} \pi &= 3 + \text{Rest}(1) \\ \text{Rest}(1) &= 1/(7 + \text{Rest}(2)) \\ \text{Rest}(2) &= 1/(15 + \text{Rest}(3)) \\ \text{Rest}(3) &= 1/(1 + \text{Rest}(4)) \end{aligned}$$

Die Zahl π ist also darstellbar durch

$$\pi = 3 + \cfrac{1}{7 + \cfrac{1}{15 + \cfrac{1}{1 + \text{Rest}(4)}}}$$

und entsprechend

$$\pi = (3, 7, 15, 1, \ldots)$$

Die optimalsten Abschätzungen erhält man durch den Abbruch der Kettenbruchentwicklung.

Analog ist eine beliebige Zahl darstellbar durch

$$x = (a_0, a_1, a_2, \ldots)$$

Durch Abbruch an der Stelle n erhalten wir die n te Näherung für x als

$$x = (a_0, a_1, \ldots, a_n) = p_n/q_n$$

Satz von Liouville

Es gilt $|x - x_n| < 1/(a_{n+1}q_n^2)$ und für $q < q_n$ gibt es keinen Bruch der näher bei x liegt als x_n .

Folge: Die Kettenbruchapproximation konvergieren besonders schnell zum Wert x, wenn die Koeffizienten a_j große Werte aufweisen. Die schlechteste Annäherung ist also gegeben für Zahlen der Form $x = (1, 1, 1, \ldots)$.

Eine derartige Situation liegt vor beim goldenen Schnitt.

Beweis : $g^2 + g - 1 = g(g+1) - 1 = 0$ oder

$$g = 1/(1+g) = \cfrac{1}{1+\cfrac{1}{1+\cfrac{1}{1+\cfrac{1}{1+\cfrac{1}{1+g}}}}}$$

Irrationale Zahlen, deren Kettenbruchapproximation ab einer bestimmten Stelle zusammenfallen, werden als äquivalent bezeichnet. Sind irrationale Zahlen äquivalent zu g, so heißen sie *noble Zahlen.*

Da der Abstand von noblen Zahlen zu ihren entsprechenden rationalen Approximationen größer ist als für alle anderen Zahlen, gehören sie zu den irrationalsten Zahlen.

6.3.2 Integrable und nichtintegrable Systeme

Definition

Die Grundgleichungen der Mechanik lassen sich aufschreiben in Form der Hamiltonschen Bewegungsgleichungen

$$\dot{q}_j = \frac{\partial H}{\partial p_j} \quad ; \quad \dot{p}_j = -\frac{\partial H}{\partial q_j} \quad ; \quad j = 1, 2, \ldots, f$$

Ein Übergang zu neuen generalisierten Koordinaten und Impulsen

$$Q_j = Q_j(q_1, q_2, \ldots, q_f, p_1, p_2, \ldots, p_f)$$

$$P_j = P_j(q_1, q_2, \ldots, q_f, p_1, p_2, \ldots, p_f)$$

heißt kanonische Transformation, wenn in den neuen Variablen die Bewegungsgleichungen wieder bestimmt werden durch

$$\dot{Q}_j = \frac{\partial H}{\partial P_j} \quad ; \quad \dot{P}_j = -\frac{\partial H}{\partial Q_j}$$

Q_j heißt zyklische Koordinate, wenn diese explizit in der Hamiltonfunktion H nicht auftritt.
Ist eine Transformation möglich, für die sämtliche generalisierte Koordinaten Q_j zyklisch sind, so folgt weiter

$$\dot{P}_j = 0 \quad \text{und somit} \quad P_j = \text{konstant} = P_{j_0}$$

$$\dot{Q}_j = \frac{\partial H}{\partial P_j} = f_j(P_{1_0}, P_{2_0}, \ldots, P_{f_0}) = \omega_j \qquad Q_j = \omega_j t + Q_{j_0}$$

Systeme, für die eine derartige Transformation möglich ist (oder für die f Integrale der Bewegung existieren, d.h. Funktionen von q_j und p_j, die zeitlich konstant sind), heißen *integrabel.*
Die Bewegung wird in diesem Fall durch f Frequenzen ω_j bestimmt, sie erfolgt auf den Oberflächen P_j = konstant, die als *invariante Tori* bezeichnet werden.

Beispiele:

- Systeme mit $f = 1$ und analytischen Ausdruck für $H(q,p)$ sind integrabel
- Systeme mit linearen Bewegungsgleichungen
- Nichtlineare Systeme mit $f > 1$, die sich entkoppeln lassen

  z.B. Kette von Teilchen
  mit Todapotential $V(x) = a \exp(-bx) + cx + d$
  oder Calogeropotential $V(x) = ax^2 + bx^{-2}$
- Billard mit elliptischer Randkurve (siehe Kap. 4)

Mechanische System sind in der Regel nicht integrabel ("integrable Billiards sind so selten wie Hühner mit Zähnen“).

Die Theoreme von Siegel und Birkhoff

Bei Fehlen einer Störung sei ein System von Massenpunkten beschrieben durch die Hamiltonfunktion $H_0(Q_j, P_j)$ und integrabel. Wird die Störung wirksam, so ändere sich die Hamiltonfunktion zu

$$H(Q_j, P_j) = H_0(Q_j, P_j) + \varepsilon H_1(Q_j, P_j)$$

Frage: Bleibt das System integrabel zumindest für genügend kleine Werte des Parameters ε ?

Theorem von Siegel (1954) :
Aus jedem integrablen System H_0 kann durch Hinzufügen einer geeigneten Störung εH_1 mit beliebig kleinen ε ein nichtintegrables System entstehen, das neben quasiperiodischen auch chaotische Bewegungen aufweist.

Folge: Reguläre bzw. quasiperiodische Systeme sind als untypischer Grenzfall zu betrachten (Poincaré).

Theorem von Birkhoff :
Für das gestörte System lassen sich f neue Erhaltungsgrößen berechnen über eine Störungsreihe mit Termen proportional zu $\varepsilon, \varepsilon^2, \ldots$

Frage: Sind die gestörten Systeme also doch integrabel?

Antwort: Falls die Störungsreihe stets konvergiert, so sind alle Systeme integrabel, die sich als Störungen eines integrablen Systems darstellen lassen. Die Konvergenz wird bereits im ersten Term der Reihenzerlegung bestimmt durch Terme der Form

$$\varepsilon \sum_{[m_j]} \frac{A[\omega_1, \omega_2, \ldots, \omega_f]}{m_1\omega_1 + m_2\omega_2 + \cdots + m_f\omega_f}$$

Eine Konvergenz tritt nicht auf, wenn Resonanzen auftreten, d.h. wenn die Resonanzbedingung

$$\sum m_j \omega_j = 0$$

zumindestens für einen Satz von ganzen Zahlen erfüllt ist.

6.3.3 Das KAM-Theorem

Basierend auf diesen Überlegungen haben Kolmogorov (1954), Arnold (1963) und Moser (1962) ein Theorem bewiesen, das aussagt, unter welchen Bedingungen das gestörte System integrabel ist. Für f Freiheitsgrade lautet diese Beziehung

$$|\sum_{j=1}^{f} m_j \omega_j| > \beta(\varepsilon)[\sum |m_j|]^{-1-\delta}$$

für alle möglichen Werte der ganzen Zahlen $m_j, \delta = f - 2, \ldots, f$.

Für den Fall $f = 2$ folgt daraus z.B.

$$|\omega_1/\omega_2 - m_1/m_2| > \beta'(\varepsilon)$$

Folgerung: Im Bereich der Werte des Verhältnisse ω_1/ω_2 existieren Gebiete, für die die Bewegung stabil bleibt. Da β von ε abhängt, werden bei Anwachsen der Störung zunächst die Bewegungen mit nahezu rationalen Frequenzverhältnissen chaotisiert, quasiperiodische Bewegungen mit dem goldenen Schnitt als Frequenzverhältnis haben die höchste Stabilität gegenüber störenden Einflüssen.

6.4 Chaos, KAM-Theorem und Mechanik des Sonnensystems

6.4.1 Dichteverteilung im Asteroidengürtel

In der Abbildung ist die Verteilung der Zahl der Asteroiden im Asteroidengürtel in Abhängigkeit vom Abstand zur Sonne und damit von der Rotationsfrequenz ω im Verhältnis zur Rotationsfrequenz ω_J des Jupiters, der als Störfaktor wirkt, dargestellt.

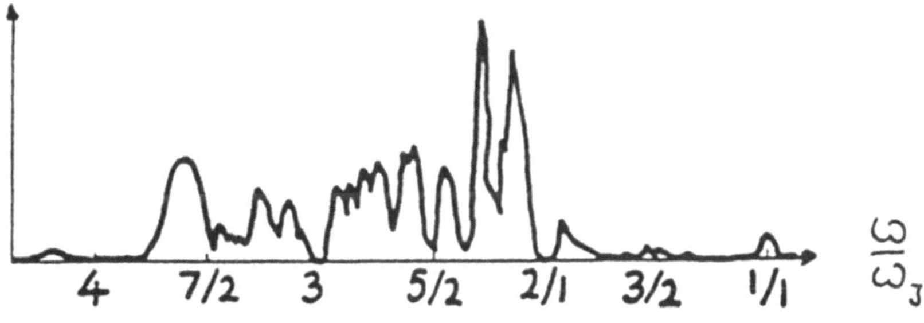

Fig. 5.1 Dichteverteilung der Asteroiden im Asteroidengürtel (Berry, 1978)

Die Minima bzw. Lücken in der Dichteverteilung wurden erstmals 1860 von Kirkwood gefunden und durch moderne Beobachtungen bestätigt.

Erklärung: Chaotisierung der Bahnen für rationale Frequenzverhältnisse führt zu Fehlen der Asteroiden in diesem Bereich.

6.4.2 Struktur der Saturnringe

Der Saturnring besteht aus einzelnen Massen, die sich auf unabhängigen Bahnen um den Zentralkörper bewegen. In diesem System ist der Attraktor der Saturn, die Störquelle sind äußere Monde des Saturns und die Testmassen die Bestandteile des Ringsystems. Im Ringsystem gibt es Lücken, die der Rotationsfrequenz ω entsprechen, die Vielfachen von Rotationsfrequenzen der Saturnmonde gleich sind:

$$\omega = 3\,\omega_{\text{Mimas}} \qquad \omega = 2\,\omega_{\text{Enceladus}} \qquad \omega = 2\,\omega_{\text{Mimas}}$$

Mimas und Enceladus sind äußere Monde des Saturn.

6.4.3 Weitere Beispiele

- Durch Wechselwirkung und Chaotisierung der Bewegung werden einzelne Asteroiden aus dem Asteroidengürtel entfernt, z.B. hat sich der Asteroid Hermes der Erde auf die doppelte Mondentfernung angenähert.
- Chaotisches Taumeln des Saturnmondes Hyperion
- Auch die Bewegung der Planeten selbst ist den Gesetzen des Chaos unterworfen

"Aus 5-monatiger Rechnung mit Spezialcomputern wurden die Bahnen der 5 äußeren Planeten in Schritten von 32,7 Tagen über einen Zeitraum von 845 Millionen Jahren ermittelt. Die Plutobahn ist über einen Zeitraum von 20 Millionen Jahren nicht mehr vorhersagbar".

Analoges gilt für die Bahnen der inneren Planeten.

Chaotisches Verhalten muß nicht unbedingt Instabilität bedingen. Eventuell können die neun Planeten des Sonnensystems als Überlebende der Selektion während dessen Evolution angesehen werden. Daß es dabei Zusammenstöße gegeben hat, wird durch neuere Untersuchungen immer wahrscheinlicher.

Kapitel 7

Thermodynamik, Bilanzgleichungen und Evolutionskriterien

7.1 Evolution in Physik und Biologie

Definition: Evolution = gerichtete Bewegung

Das Maß für dic Richtung der Evolution kann verschieden gefaßt werden, es wird in der Regel verbunden mit Begriffen wie Komplexität, Strukturiertheit, Organisationsgrad oder auch der Zahl von Grundbausteinen (Atome, Moleküle), die für das Funktionieren des entsprechenden Systems charakteristisch sind.

Die Grundgleichungen der klassischen Mechanik erlauben eine vollständige Reversibilität der mechanischen Bewegung, d.h. der Ausgangszustand eines mechanischen Systems (z.B. eines Systems von Massenpunkten) kann durch Umkehrung aller Geschwindigkeiten wieder erreicht werden, ohne daß Änderungen in anderen Systemen zurückbleiben. Diese prinzipielle Umkehrbarkeit rein mechanischer Prozesse zeigt gleichzeitig, daß die Mechanik zwar eine Theorie der Bewegung aber nicht eine Theorie der Evolution in dem oben definierten Sinne darstellt.

Diese Aussage bleibt auch korrekt trotz der Tatsache, daß z.B. Kant und Laplace bereits ausführlich eine Evolution des Sonnensystems diskutierten, u.a. die Herausbildung des Planetensystems aus primären Ansammlungen von Gasmassen.

Eine Richtung von Prozessen und damit die Möglichkeit der Beschreibung von Evolutionsprozessen wird in der Physik erstmals im Rahmen der klassischen Thermodynamik untersucht, ausgedrückt z.B. durch das Gesetz des Anwachsen der Entropie in isolierten Systemen. Die Einführung dieses Begriffs und daraus resultierende Konsequenzen stellen den Schwerpunkt der folgenden Abschnitte dar.

Evolutionsgedanken sind in die Naturwissenschaft im wesentlichen durch biologische Untersuchungen eingeführt worden. Die Darwinschen Ideen des "survival of the fittest", des Überlebens des am besten Angepaßten, stellt nach wie vor ein sehr fruchtbares heuristisches Prinzip bei der Interpretation von Evolutionsprozessen nicht nur in der Biologie dar.

Es verdeutlicht gleichzeitig das Wechselspiel von Zufall (ungerichtete Mutation) und Notwendigkeit (Auslese der günstigsten Mutationen) für Evolutionsprozesse als spezieller Form von Strukturbildungsphänomenen.

7.2 Grundideen der klassischen Thermodynamik

7.2.1 Die Hauptsätze der Thermodynamik

Der 1. Hauptsatz

Formulierung: Es existiert eine Zustandsfunktion U, die innere Energie, eines Systems. Eine Änderung der inneren Energie eines Systems kann erfolgen durch Arbeit dA (makroskopische Form der Energiezufuhr), durch Wärme dQ (mikroskopische Form der Energieübertragung) und/oder durch Zufuhr von Stoff dZ von anderen Systemen.

$$dU = dA + dQ + dZ$$

Wird im Spezialfall Arbeit durch Änderung des Systemvolumens geleistet, so gilt

$$dA = -pdV$$

p ist der Druck, V das Volumen des Systems.

Analog kann dZ ausgedrückt werden durch die chemischen Potentiale μ_j der verschiedenen unabhängigen Teilchensorten (Komponenten) des Systems n_j

$$dZ = \sum \mu_j dn_j$$

Es folgt für diese Fälle die Änderung der Zustandsfunktion als

$$dU = dQ - pdV + \sum \mu_j dn_j$$

Der 2. Hauptsatz

Der 2. Hauptsatz erlaubt eine Unterscheidung zwischen zwei Typen von Prozessen, die in thermodynamischen Systemen ablaufen können.

Formulierung: Es existiert eine Zustandsfunktion S, die Entropie. Die Änderung der Entropie eines Systems ist bestimmt durch

$$dS \geq dQ/T$$

Das Gleichheitszeichen gilt dabei für quasistationäre Prozesse, wenn ein System über eine Folge von Gleichgewichtszuständen in einen neuen Zustand überführt wird.

Derartige spezielle Prozesse sind reversibel, d.h. nach einem quasistationären Prozeß ist der Ausgangzustand wieder reproduzierbar, ohne daß Änderungen des Zustands anderer Systeme zurückbleiben.

Eine Kopplung von 1. und 2. Hauptsatz ergibt

$$TdS \geq dU + pdV - \sum \mu_j dn_j$$

oder

$$dU \leq TdS - pdV + \sum \mu_j dn_j$$

Der 3. Hauptsatz

Formulierung: Für Temperaturen $T \to 0$ strebt die Entropie gegen Null.

7.2.2 Evolutionskriterien der klassischen Thermodynamik

Die Evolutionskriterien der klassischen Thermodynamik können aus der Kombination von 1. und 2. Hauptsatz erhalten werden. Für ein isoliertes System (U = konstant, V = konstant, n_j = konstant) gilt

$$TdS \geq 0$$

Makroskopische Prozesse, die spontan im System ablaufen können, sind unter den genannten Bedingungen immer mit einer Erhöhung der Entropie verbunden. Im Gleichgewichtszustand, wenn das Maximum der Entropie erreicht ist, treten keine makroskopischen Zustandsänderungen mehr auf. Werden andere Randbedingungen fixiert, können analoge Extremalkriterien für andere thermodynamische Funktionen (freie Energie, freie Enthalpie, Enthalpie) formuliert werden.

7.3 Beispiele und Konsequenzen

7.3.1 Bestimmung der Richtung von Wärmeleitungsprozessen

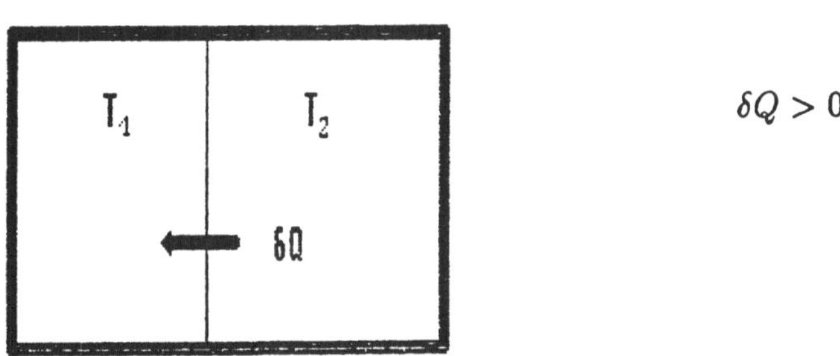

Fig. 7.1 Veranschaulichung der Richtung von Wärmeleitungsprozessen entsprechend den thermodynamischen Evolutionskriterien

Frage: Unter welchen Bedingungen ist ein spontaner Übergang von Energie in Form von Wärme vom System (2) in das System (1) thermodynamisch zulässig?

Antwort: $(dS)_{U,V,n} = dS_1 + dS_2 = \delta Q\{1/T_1 - 1/T_2\} \geq 0$
Es folgt als notwendige Bedingung $T_2 \geq T_1$.

Im Gleichgewicht gilt $dS = 0$ und damit $T_1 = T_2$.

Analog können die Richtungen von Diffusionströmen und die Art von Volumenänderungen von Teilsystemen bestimmt werden.

7.3.2 Bildung und Wachstum von Tropfen im Dampf

Wird Druck, Temperatur und Teilchenanzahl im System konstant gehalten, dann ist die thermodynamische Evolution durch die Verminderung der freien Enthalpie G charakterisiert.

$\frac{d}{dt}G \leq 0$

Berechnet man andererseits die freie Enthalpie als Funktion des Radius eines sich im System entwickelnden Tropfens, so erhält man das folgende Bild.

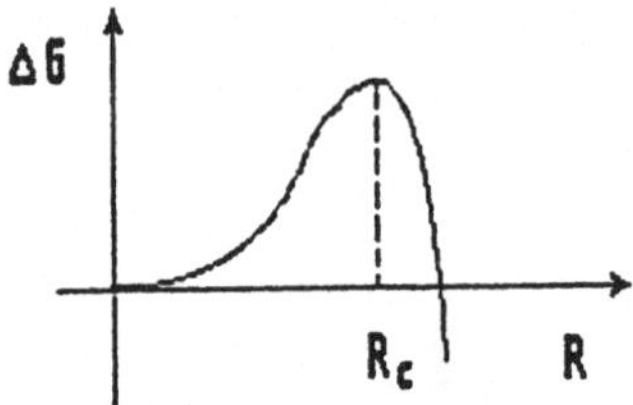

Fig. 7.2 Änderung der freien Enthalpie bei der Herausbildung eines Tropfens im Dampf in Abhängigkeit vom Tropfenradius R

Entsprechend dem thermodynamischen Evolutionskriterium wachsen Tropfen mit einem Radius $R > R_c$ an, Tropfen mit $R < R_c$ zerfallen.

7.3.3 Der Wärmetod des Weltalls

R. Clausius (1861): Die Energie der Welt als Ganzes ist konstant, die Entropie strebt einem Maximum zu, in dem keine makroskopischen Veränderungen mehr auftreten (Wärmetod).

Mögliche Kritiken:

- Die Welt als Ganzes kann nicht als isoliertes System betrachtet werden.
- Die Zeiten bis zum Erreichen des Gleichgewichts sind unendlich groß.
- Fluktationen, spontane Abweichungen vom Gleichgewicht, sind stets möglich.
- Rolle der Gravitation.

7.4 Thermodynamische Evolutionskriterien und Strukturevolution

7.4.1 Problemstellung

Wärmeleitungsprozesse führen zur Verminderung von Temperaturunterschieden, Diffusionsprozesse zur Verminderung von Konzentrationsunterschieden, Volumenänderungen zur Verminderung von Druckdifferenzen. In sämtlichen diesen Beispielen ist das Anwachsen der Entropie mit einem Abbau makroskopischer Struktur verbunden.

Diese Konsequenz wird auch durch die Plancksche Interpretation der Entropie S als

$$S = k_B \ln W$$

gestützt.
k_B ist die Boltzmannkonstante und W die Zahl der unterscheidbaren Mikrozustände, mit dem ein gegebener Makrozustand realisiert wird.

Beispiel: 2 Teilchen in zwei Boxen

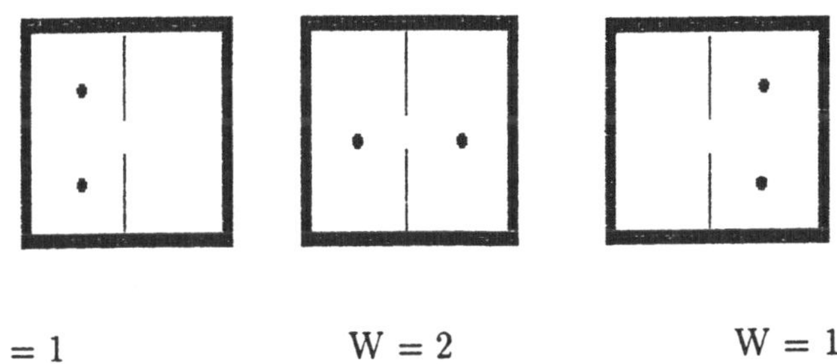

W = 1 W = 2 W = 1

Fig. 7.3 Zusammenhang zwischen Entropie S und Zahl der Mikrokonfigurationen mit identischem Makrozustand bei der Verteilung von zwei unterscheidbaren Kugeln auf 2 Boxen

Der Übergang in den wahrscheinlichen Zustand (W = 2) ist mit einer

Erhöhung der Entropie und einer Abnahme der Strukturiertheit des Systems verbunden.

Problem : Wie sind die thermodynamischen Konsequenzen mit der in der Biologie zu beobachtenden Zunahme der Strukturiertheit, des Organisationsgrades, der Komplexität als Resultat der Evolution zu vereinbaren?

Antwort 1: Die Thermodynamik und allgemein die Physik ist nicht gültig für biologische Prozesse.

Antwort 2: Die für die Gültigkeit des Satzes vom Wachstum der Entropie notwendigen Voraussetzungen sind für biologische Evolutionsprozesse nicht gegeben. Evolutionsprozesse dieser Art sind nur möglich in offenen Systemen.

7.4.2 Beispiele

Beispiel 1: Die Entropiebilanz der Erde

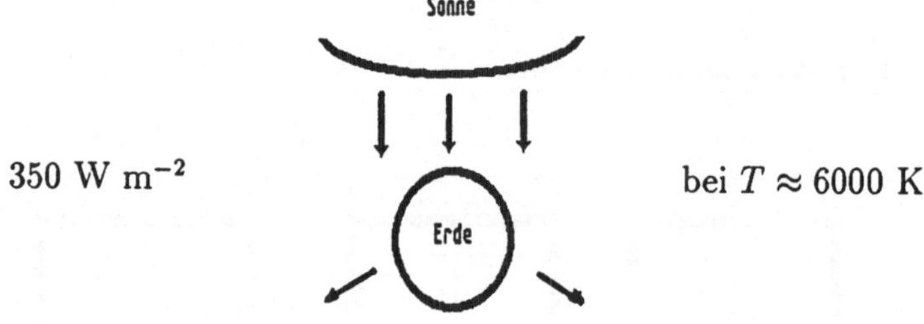

Fig. 7.4 Veranschaulichung der Entropiebilanz der Erde (nach Ebeling, Feistel, 1982)

Die aus diesem Effekt resultierende Entropieverminderung beträgt

$$\triangle S = Q\{1/T_1 - 1/T_2\} \approx -2\ 10^{14}\ \mathrm{W}\ K^{-1}\ \triangle t$$

Diese Entropieverminderung ist die Basis für alle Evolutionsprozesse auf der Erde.

Im speziellen bestimmt dieser Entropieexport auch die Zahl der Nahrungsebenen (Trophyebenen), wie sie in der Regel in Ökosystemen auf der Erde zu finden sind (ca. 4–5).

Beispiel 2: Warum wird im Winter geheizt?

Die innere Energie eines idealen Gases kann geschrieben werden als

$$U = (3/2)nRT$$

Andererseits gilt

$$pV = nRT$$

und damit

$$U = (3/2)pV$$

Die innere Energie eines Gases in einem Wohnzimmer wird also durch den Heizprozeß nicht geändert, der Heizprozeß muß also thermodynamisch mit der Entropie bzw. der Entropiebilanz zusammenhängen.

Analog ist die Nahrungsaufnahme des Menschen nicht primär auf eine Energiezufuhr gerichtet, sondern ist notwendig zur Kompensation der durch die Lebensprozesse bedingten Entropieerhöhung im Organismus.

Beispeil 3: Konstanz der Körpertemperatur

Eine Konstanz der Körpertemperatur ist nur für größere Tiere entropisch vertretbar, für kleinere Tierarten wäre die Entropieproduktion zu hoch. Dies hängt damit zusammen, daß der Energiestrom (in Form von Wärme) für eine Reihe von Arten darstellbar ist als

$$J = K * m^n \qquad n \approx 0.75$$

wobei m hierbei die Masse des Lebewesens ist.

Der Energiestrom pro Masseneinheit nimmt daher mit einer Zunahme der Masse ab. Die Körpertemperatur des Menschen kann thermodynamisch ebenfalls als das Resultat der Optimierung der Entropiebilanz verstanden werden.

Kapitel 8

Stochastische Prozesse und Strukturbildung

8.1 Gesetzmäßigkeit und Zufall

Deterministische Beschreibung der Natur, z.B. durch Orte und Impulse $\{x_i(t), p_i(t)\}$

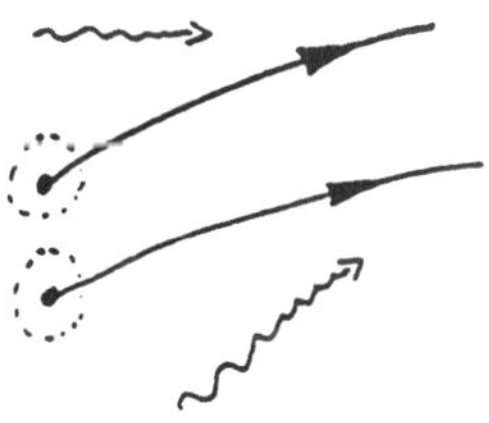

Fig. 8.1 Veranschaulichung deterministischer Bewegungsabläufe: Der Ausgangszustand bestimmt eindeutig die weitere Evolution

Als mögliche Gründe für Abweichungen von einer rein deterministischen Beschreibung sind zu nennen

- Genaue Kenntnis der Anfangsbedingungen (Ort, Impuls) nicht möglich: kleine Abweichungen, dynamische Stabilität?

- Ideale Isolation des System von der Umgebung nicht möglich, keine genaue Kenntnis der Einwirkungen der Umgebung [Gravitation, Neutrinos, ...]. Keine genaue Kenntnis der Einwirkungen der Umgebung
  ⇒ Freiheitsgrade nicht vollständig erfaßt.

- Prinzipielle Rolle des Zufalls in der Quantenphysik (z.B. Zerfall eines Atomkerns),
  Unbestimmtheitsprinzip: Trajektorien sind nicht vorhersagbar, Abb. 8.1 ist nicht adäquat für diesen Fall.
  Möglicher Zugang zur Quantenphysik
  ⇒ Stochastische Quantisierung = spezielle mathematische Beschreibung der Natur

  ⇒ prinzipieller Ansatzpunkt zur Beschreibung der Natur wären die stochastische Prozesse

8.2 Typische Beispiele für Zufallsprozesse

- Bei endlich vielen diskreten Zuständen: Münzwurf, Würfelspiel, Zwei–Niveau–System, ...

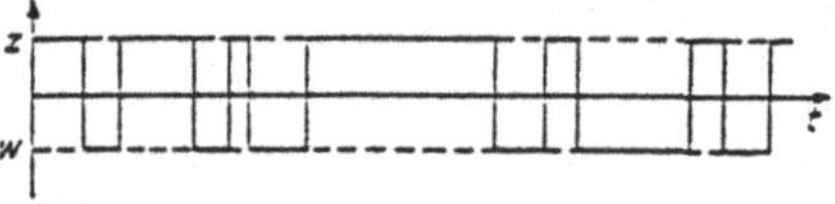

- Bei abzählbar unendlich vielen Zuständen: Zahl der Moleküle in einem Volumen V

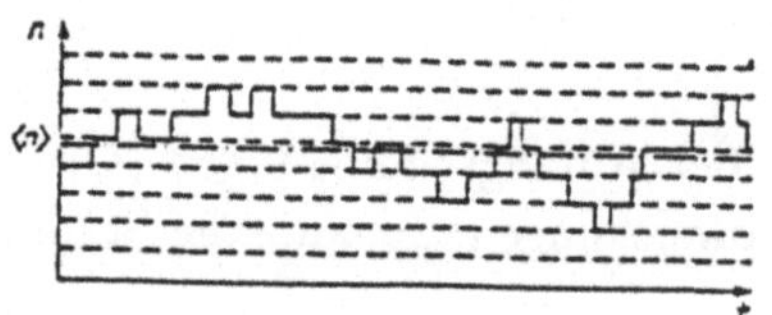

Fluktation um einen Mittelwert

- Bei einem Kontinuum von Zuständen: Brownsche Bewegung (Geschwindigkeit eines Teilchens in einer Flüssigkeit), Biologe Brown 1829

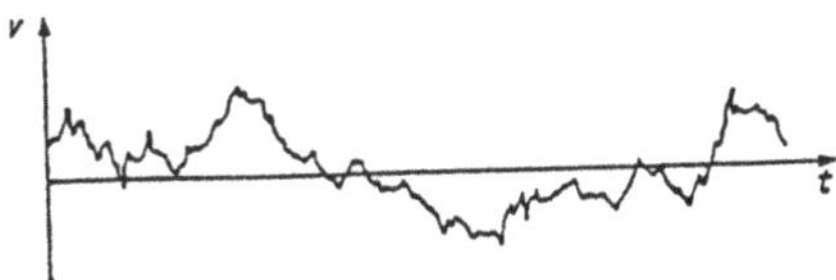

- In der Physik wichtigstes stochastisches Modell: Zufallswanderer, insbesondere in einer Dimension

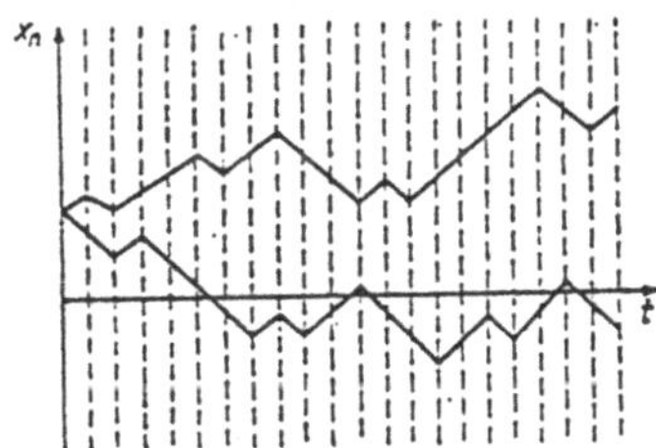

Fig. 8.2 - 8.5 Zeitliche Änderung von Zustandsgrößen bei Berücksichtigung des Zufalls

8.3 Beschreibung zufälliger (stochastischer Prozesse

Keine Aussage über einzelnes Ereignis, sondern nur über eine Gesamtheit ⇒ Versicherungswesen: mittlere Lebenserwartung, aber Einzelschicksal unbekannt.

Variable, die das System zum Zeitpunkt t beschreibt: x
Wahrscheinlichkeit, zur Zeit t den Wert x zu finden: $p(x,t)$

Wichtig: Richtige Auswahl der Gesamtheit, sonst keine siquifikanten Aussagen möglich

Prozeß $x(t)$: Zeitentwicklung der Variablen

Realisierung des stochastischen Prozesses (einzelnes System) erfolgt mit Wahrscheinlichkeit $p[x(t)]$ (Wahrscheinlichkeitsdichtefunktional)

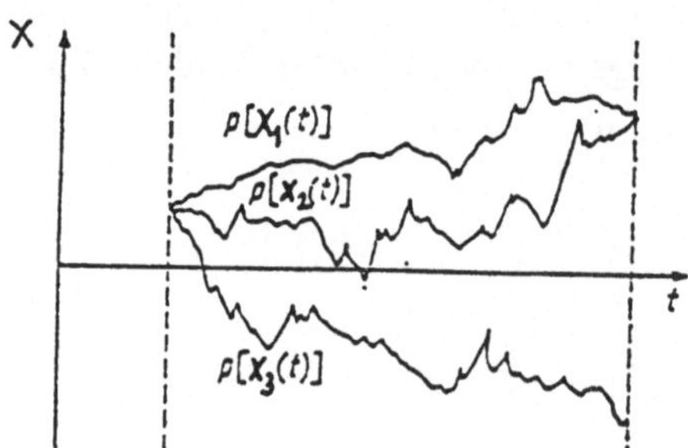

Fig. 8.6 Stochastische Prozesse können bei gleichen Ausgangszustand verschiedene Bewegungsabläufe aufweisen

Stochastischer Prozeß beschreibt nicht nur Wahrscheinlichkeit, daß zur gegebenen Zeit t_1 der Wert x_1 erhalten wird, sondern daß zu t_1 x_1, t_2 $x_2, \dots t_N$ x_N vorliegt.
$p_N(x_1t_1, x_2t_2, \dots, x_Nt_N)$,
Mehrzeitige Wahrscheinlichkeiten $p_N(\dots)$, $N = 1, 2, 3, \dots$ charakterisieren den stochastischen Prozeß → kann aber auch einfache Struktur haben:

1. Unabhängige Ereignisse :
   $p_N(x_1t_1, x_2t_2, \ldots, x_Nt_N) = p_1(x_1t_1)p_1(x_2t_2)\cdots p_1(x_Nt_N)$

2. Markov–Prozeß : $t_1 < t_2 < t_3$
   $p_N(x_1t_1, x_2t_2, \ldots, x_Nt_N) = p_1(x_1t_1)w(x_2t_2; x_1t_1)w(x_3t_3; x_2t_2)\ldots$
   beschreibt Kausalzusammenhang; enthält Übergangswahrscheinlichkeit $w(xt; x't')$ von x' zu t' nach x zu t

   In diesem stochastischen Prozeß besteht ein zeitlicher Zusammenhang $\Rightarrow$ Existenz , speziell gelten:on Bewegungsgleichungen

3. Chapman–Kolmogorov–Gleichung (Smoluchowski–Gleichung)

4. Mastergleichung für zeitliche Änderung der Verteilungsfunktion $p_1(x,t)$ bei Markov–Prozeß

   $\frac{\partial}{\partial t}p_1(x,t) = \sum_{x'}[w(x,x')p_1(x',t) - w(x',x)p_1(x,t)]$

   Änderung der Wahrscheinlichkeit $p_1(x,t)$ als Bilanz zwischen Zustrom aus x' nach x ($p_1(x',t)$) und Abfluß von x nach x' ($p_1(x,t)$), $w(x,x')$ ist die Übergangswahrscheinlichkeit von x' nach x pro Zeit $\rightarrow$ Übergangsrate

8.4 Brownsche Bewegung

Stochastischer Prozeß: $v(t)$ (eindimensionaler Fall)

> $v(t)$ Geschwindigkeit des Teilchens als Funktion der Zeit t; für eine Gesamtheit wird eine Realisierung mit Wahrscheinlichkeit $p[v(t)]$ angenommen.

Deterministische makroskopische Beschreibung einer Kugel, die sich in einer Flüssigkeit bewegt:

$m\dot{v}(t) = -m\gamma v(t)$: Stokes–Formel für die Reibungskraft

$\gamma = 6\pi R\eta/m$: Reibungskoeffizient

R = Radius der Kugel η = dynamische Viskosität

$v(t=0) = v_0$: Anfangsbedingung

$v(t) = v_0 e^{-\gamma t}$: Lösung

Fig. 8.6 Exponentielle Verringerung der Geschwindigkeit in einem deterministischen Beschreibung

Exponentielle Abnahme der Geschwindigkeit bis zum Wert $v(\infty) = 0$ ist nicht korrekt: Widerspruch zur Beobachtung, insbesondere für $t \to \infty$ bleibt eine ungeordnete Bewegung übrig.

$\Rightarrow$ Bewegung der Flüssigkeitsmoleküle muß berücksichtigt werden

Langevin - Gleichung:

$$\dot{v}(t) = \underbrace{-\gamma v(t)}_{\substack{\text{makroskopische} \\ \text{Bewegungsgleichung}}} + \underbrace{f(t)}_{\substack{\text{mikroskopische} \\ \text{stochastische Kraft}}}$$

Zeitverlauf $v(t)$ nicht im einzelnen bekannt, nur Wahrscheinlichkeitsaussage $\Rightarrow$ stochastischer Prozeß

Charakter der Langevin-Kraft: spezielle Annahmen nötig

$< f(t) >= 0$: Mittelwert = 0 , kein systematischer Anteil

$< f(t) f'(t') >= \varphi(t-t') = 2D\delta(t-t')$: Gauß'sches weißes Rauschen, Kraft zwischen $t' \neq t$ unkorreliert.

Lösung:

$v(t) = v_0 e^{-\gamma t} + e^{-\gamma t} \int_0^t e^{\gamma t'} f(t') dt'$

$v(t)$ - stochastischer Prozeß, dem stochastischen Prozeß $f(t)$ zugeordnet

Dieser stochastische Prozeß wird charakterisiert durch

1. Mittelwert

$$< v(t) >= v_0 e^{-\gamma t}$$

2. Einzeitige Korrelationsfunktion (2. Moment)

$$< v^2(t) >= v_0^2 e^{-2\gamma t} + \frac{D}{\gamma}(1-e^{2\gamma t})$$

↓	↘
durch Anfangsbedingung bestimmt, wird mit der Zeit vergessen	Fluktationsterm konvergiert für $t \to \infty$ gegen endlichen Wert $\frac{D}{\gamma}$

Einstein-Relation:

Im Gleichgewicht gilt für klassische Systeme der Gleichverteilungssatz (T = Temperatur, k_B = Boltzmann-Konstante):

$$< mv^2/2 >= k_B T/2 \quad \Rightarrow \quad mD/\gamma = k_B T$$

Fluktations-Dissipations-Theorem: Stärke der fluktuierenden Kraft D (mikroskopische Größe) und Reibungskoeffizient γ (makroskopische Größe) sind durch die Einstein-Relation verknüpft.

Kapitel 9

Stochastische Prozesse und Irreversibilität

9.1 Zeit als physikalische Größe

1. Zeit ist Parameter zur Beschreibung dynamischer Vorgänge (metrische Zeit)

    - Zeit kann gemessen werden durch periodische Vorgänge (Pendel u.a.)
    - Beispiel: Planetenbewegung
    - (Hamiltonsche) Mechanik gibt der Zeit keine Richtung, Bewegung kann umgekehrt werden

2. Zeit in der Evolution komplexer Systeme

    - Richtung der Zeit
    - Bei qualitativen Entwicklungen keine Zeitumkehr möglich
    - Beispiel: Auflösung eines Stücks Würfelzucker im Tee, spontane Umkehrung des Prozesses wird nicht beobachtet, weiteres Beispiel: Wärmeleitung
    - Zeit als Ereignis in der belebten Natur
    - 2. Hauptsatz der Thermodynamik beschreibt Existenz irreversibler Prozesse

- Gerichtetheit der Zeit t und Entropie S sind eng verknüpft: $S(t)$

Für die Entropie $S(t)$, eines abgeschlossenen System gilt stets

$$\frac{dS(t)}{dt} \geq 0$$

Entropie wächst im Nichtgleichgewicht an, bis das Maximum erreicht ist → Gleichgewicht

Physikalischer Prozeß $\xrightarrow[t \Rightarrow -t']{\text{Zeitumkehr}}$ Neuer Prozeß

Zwei Varianten:

1. Neuer Prozeß ist physikalisch möglich: Reversibilität
2. Neuer Prozeß ist physikalisch nicht möglich: Irreversibilität

Mechanik:
Grundgesetz der Bewegung

$$\begin{aligned} m\frac{d^2\vec{r}}{dt^2} &= \vec{F}(\vec{r}) \qquad : \qquad \text{Newtonsches Gesetz} \\ t &\Rightarrow -t' \\ m\frac{d^2\vec{r}(-t')}{(-dt')^2} &= \vec{F}(\vec{r}) \\ m\frac{d^2\vec{r}}{dt'^2} &= \vec{F}(\vec{r}) \end{aligned}$$

Auch in der "Spiegelwelt", dort wo alle Prozesse rückwärts laufen, bleibt die klassische Mechanik gültig → reversible mechanische Prozesse, da Kraft $\vec{F}$ nicht von Geschwindigkeit $\vec{v}$ abhängt.

Anfangsbedingungen:

$$\begin{array}{l} \vec{r}(t=0), \vec{v}(t=0) \\ \downarrow \\ \vec{r}(t'=0), -\vec{v}(t'=0) \end{array}$$

Elektrodynamik:
Grundgesetz der Bewegung sind die Maxwellschen Gleichungen.

$$t \rightarrow t' : \quad \begin{array}{l} \vec{B}(t) \rightarrow -\vec{B}(t') \\ \vec{E}(t) \rightarrow \vec{E}(t') \end{array}$$

Grundgleichungen sind invariant bezüglich Zeitspiegelung.

Quantenmechanik:
Grundgleichung der Bewegung ist die Schrödinger–Gleichung

$$t \rightarrow t' \; ; \; i \rightarrow -i \quad \text{(konjugiert komplex)}$$

Schrödingergleichung bleibt invariant bezügliche Zeitspiegelung → reversibler Prozeß

Allgemein: Die mikroskopischen Grundgleichungen der Physik beschreiben reversible Bewegungen, es ist keine Zeitrichtung ausgezeichnet.

In der Quantenmechanik tritt aber auch eine andere Form der zeitlichen Änderung des Zustandes eines Systems auf, und zwar der Meßprozeß (Reduktion auf Eigenzustände). Dieser Meßprozeß wird häufig nur nebenbei erwähnt, ist aber nicht einfach zu interpretieren (Schrödingers Katze, Einstein–Podolsky–Rosen– Paradoxon, ...). Er ist nicht invariant bezüglich Zeitspiegelung, beschreibt einen irreversiblen Prozeß.

Thermodynamik:
In dieser phänomenologischen Darstellung werden irreversible Prozesse beschrieben, es ist keine Zeitumkehr möglich.

$$t \Rightarrow -t' : S(-t')$$

Es würde dann gelten

$$\frac{dS(-t')}{-dt'} \geq 0 \quad \Rightarrow \quad \frac{dS(-t')}{dt'} \leq 0$$

Dies ist kein physikalisch erlaubter Prozeß (Entropie würde abnehmen).
Problem:

Wie ist die Herleitung von makroskopisch irreversiblen Gleichungen aus den mikroskopisch reversiblen Bewegungsgleichungen durchzuführen?
Lösung dieser Frage ist nur näherungsweise möglich.

9.2 Irreversibilität bei stochastischen Gleichungen

Verteilungsfunktion $p(n,t)$: Wahrscheinlichkeit, daß zur Zeit t das System im Zustand n angetroffen wird.

Normierung:

$$\sum_n p(n,t) = 1$$

Zustand n beschreibt das System, z.B. Ort, Impuls, Besetzungszahl, Clustergröße, ...

Zeitliche Änderung von $p(n,t)$ wird als Bilanzgleichung (Mastergleichung) formuliert.

$$\frac{d}{dt}p(n,t) = \text{ Zustrom - Abfluß } = \sum_m \{w_{nm}p(m,t) - w_{mn}p(n,t)\}$$

w_{nm} = Übergangswahrscheinlichkeit vom Zustand m zum Zustand n pro Zeiteinheit

Übergangsraten sind symmetrisch: $w_{nm} = w_{mn}$
(folgt aus mikroskopischer Reversibilität)

Aus der Quantenmechanik ist die "Fermi'sche Goldene Regel" bekannt, die es gestattet, die Übergangsraten mikroskopisch zu berechnen.

Zeitliche Änderung von $p(n,t)$: Irreversibler Prozeß

Beweis erfolgt durch das Boltzmannsche H – Theorem

Definiere:

$$\begin{aligned} S_B(t) &= -k_B \sum_n p(n,t) \ln p(n,t) : \text{Boltzmann – Entropie} \\ k_B &= \text{Boltzmann – Konstante} \end{aligned}$$

Bilde Zeitableitung der Boltzmann-Entropie:

$$\begin{aligned} \frac{dS_B(t)}{dt} &= -k_B \sum_n \frac{dp(n,t)}{dt} \ln p(n,t) - k_B \sum_n \frac{p(n,t)}{p(n,t)} \frac{dp(n,t)}{dt} \\ &= -k_B \sum_n \frac{dp(n,t)}{dt} \ln p(n,t) - k_B \frac{d}{dt} \sum_n p(n,t) \end{aligned}$$

Bewegungsgleichung einsetzen, Normierung beachten, d.h. $\frac{d}{dt} \sum p(n,t) = 0$

$$\begin{aligned} &= -k_B \sum_n \sum_m w_{nm} [p(m,t) - p(n,t)] \ln p(n,t) \\ &= -\frac{1}{2} k_B \sum_n \sum_m w_{nm} [p(m,t) - p(n,t)] (\ln p(n,t) - \ln p(m,t)) \end{aligned}$$

Term folgte durch Umbennung von n nach $m, w_{nm} = w_{mn}$

Da $\ln x$ eine monoton wachsende Funktion von x ist, folgt
$(\ln x_1 - \ln x_2)(x_1 - x_2)$ ist stets ≥ 0,
wobei das Gleichgewichtszeichen nur für $x_1 = x_2$ gültig ist, siehe Fig. 9.1

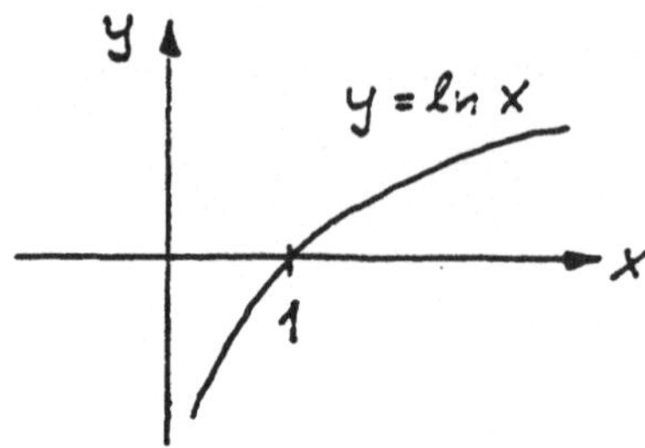

Fig. 9.1 Graphische Darstellung der Funktion $y = \ln x$

$$\Rightarrow \quad \frac{dS_B(t)}{dt} \geq 0 \qquad : \text{H - Theorem},$$

d.h. Auszeichnung der Zeitrichtung durch Anwachsen der Größe Boltzmann – Entropie S_B

Gleichgewicht: $S_B(t)$ = Maximum, entspricht einer Gleichverteilung der Wahrscheinlichkeit mit $p(m,t) = p(n,t)$

Die allgemeine Form einer Bewegungsgleichung, die aus reversiblen mikroskopischen Gleichungen hergeleitet wird, lautet:

$$\frac{d}{dt}A(t) = \int_{-\infty}^{t} dt' K(t,t')B(t')$$

Bilanzgleichung (Mastergleichung): Einfachstes Modell einer mathematischen Beschreibung irreversibler Prozesse

Gedächtniseffekt: Vorgeschichte spielt eine entscheidende Rolle

Bei einer vergröberten Beschreibung eines Systems (nicht vollständiger Zustandsbeschreibung) ist für die Vorhersage der Entwicklung nicht nur der gegenwärtige Zustand, sondern auch die Kenntnis der Vergangenheit nötig.

Einfachstes Beispiel: Newtonsche Mechanik

Für die zeitliche Entwicklung der Bahn $x(t)$ eines Teilchens wird nicht nur der Anfangsort $x_i(t_0)$ benötigt, sondern auch die Geschwindigkeit: $v_i(t_0) = \dot{x}_i(t_0) \approx [x_i(t_0) - x_i(t_0 - \Delta t)]/\Delta t$, somit benötigt man also auch $x_i(t_0 - \Delta t)$, d.h. einen Schritt in die Vergangenheit.

Markov–Näherung: Gedächtnis wird gestrichen $\rightarrow$ Informationsverlust, Anwachsen der Entropie, aus einer reversiblen Bewegungsgleichung wird eine irreversible Bewegungsgleichung erhalten. Beispiele für stochastische Gleichungen:

- Boltzmann–Gleichung, enthält Stoßterm als Bilanz im Impulsraum, basierend auf Annahme des molekularen Chaos.
  Vor dem Stoß waren Partner völlig zufällig verteilt $\rightarrow$ Stoßterm $\rightarrow$ Irreversibilität. Alle vorhergehenden Korrelationen werden gestrichen ("vergessen“).

- Langevin–Gleichung, enthält stochastische Kraft
  $\rightarrow$ Brownsche Bewegung

  $$\dot{v}(t) = \gamma v(t) + f(t)$$

  Stochastische Kraft $f(t)$ ist eine Bilanz aller Stöße mit der Umgebung.

  $$< v^2(t) >= v_0^2 e^{-2\gamma t} + \frac{D}{\gamma}(1 - e^{-2\gamma t})$$

  Ausgangszustand v_0 wird "vergessen" $\rightarrow$ Irreversibilität. Endzustand wird erreicht, bei dem die Geschwindigkeitsverteilung durch D (Diffusionskonstante) und γ (Reibungskoeffizient) fixiert wird $\rightarrow$ Einstein–Relation.

Kapitel 10

Evolution des Kosmos

10.1 Zur Geschichte der Evolution

Einige Definitionen und allgemeine Kriterien komplexer Systeme:

Selbstorganisation: Irreversibler Prozeß, der durch das kooperative Wirken von Teilsystemen zu komplexen Strukturen des Gesamtsystems führt

Evolution: Unbegrenzte Folge von Prozessen der Selbstorganisation

Dissipative Struktur: Überkritische nichtlineare stabile räumliche und/oder zeitliche Struktur

Die Physik steckt den allgemeinen Rahmen für Evolutionsprozesse ab, indem sie Möglichkeiten und Verbote formuliert, z.B. ein universelles Verbot der Entropievernichtung (2. Hauptsatz der Thermodynamik). Nichtphysikalische Aspekte können aber nicht als unwesentlicher Teil vernachlässigt werden.

Für evolutionsfähige Systeme sind folgende Eigenschaften von grundlegener Bedeutung:

1. Offenheit des Systems: Energie- und Stoffaustausch, Fähigkeit zum Entropieexport

2. Gleichgewichtsferne: Überkritischer Abstand von thermodynamischen Gleichgewichtszustand

3. Nichtlinearität: Dynamik durch nichtlineare Bewegungsgleichung bestimmt
4. Selbstproduktion: Fähigkeit zur Herstellung relativ genauer Kopien des Originalsystems
5. Multistabilität: Existenz mehrerer stabiler Zustände des Systems
6. Informationsverarbeitung: enger Zusammenhang zwischen Entropie und Information

Die Geschichte der Evolution ist die Geschichte der Entstehung immer komplexerer Strukturen aus einfachen Bausteinen → hierachischer Aufbau.

Phasen der Evolution sind:

1. Kosmische Evolution (Urknall, Bildung von Atomen und Molekülen, Entstehung der Galaxien, Sterne und Planeten)
2. Chemische Evolution (Bildung des Systems der chemischen Elemente und Verbindungen, Polymerisation zu organischen Kettenmolekülen)
3. Geologische Evolution (Herausbildung der Krustenstruktur der Erde, der Gebirge, Gewässer usw.)
4. Evolution der Urzelle (Selbstorganisation der Biopolymere, räumliche Individualisierung, Entstehung einer molekularen Sprache)
5. Darwinsche Evolution (Entwicklung der Arten von Tieren und Pflanzen)
6. Evolution des Menschen (Entwicklung der Arbeit, der Sprache und des Denkens)
7. Evolution der Gesellschaft (Entwicklung der Arbeitsteilung, der Organisation, der Technik, der Gesellschaftsformationen usw.)
8. Evolution der Information und des Informationsaustausches (Entwicklung der Kommunikation des Wissens, der Wissenschaften usw.)

Der zuletzt genannte Punkt zur Rolle von Entropie und Information verdient besondere Beachtung. Nach Werner Ebeling (Humboldt Universität zu Berlin) ist die Information eine Austauschgröße, die die Unbestimmtheit reduziert und mit der übertragenen Menge von Energie $\triangle E$ und Entropie $\triangle S$ zusammenhängt.

Die thermodynamische Entropie (Clausius-Entropie) lautet

$$dQ = TdS \qquad \text{bzw.} \qquad S = \int \frac{1}{T} dQ \ ,$$

die statistische Entropie (Shannon-Entropie) ist

$$H = - \int dx p(x) \ln p(x)$$

Falls der Ordnungsparameter x gleich dem mikrokanonischen Phasenraum $\{x\}$ (Menge aller Orte und Impulse) ist, so gilt

$$S = k_B H \ ,$$

wobei die Entropie S der bei der Aufklärung des mikroskopischen Zustandes erzielten Information entspricht. Dieser Entropieanteil steht für die Speicherung der Information zur Verfügung. Ein weiterer Entropieanteil ist in der molekularen Bewegung und Wechselwirkung gebunden in Analogie zur thermodynamischer Energie-Relation

$$E = F + TS$$

wobei nur die Energie F (Freie Energie) für mechanische Arbeit zur Verfügung steht.

10.2 Physikalische Beschaffenheit der Planeten unseres Sonnensystems

Genauste Untersuchungen liegen für die Erde (und ihren Mond) vor. Gut erforscht sind die erdartigen Planeten Merkur, Venus und Mars und auch die Planetoiden. Ihre mittleren Dichten 3000 ... 5500 kg/m^3 entsprechen der Dichte terrestrischer Gesteine oder Metalle.

Die großen Planeten Jupiter, Saturn, Uranus und Neptun haben mittlere Dichten im Bereich 700 bis 1600 kg/m^3, die verflüssigten Gasen entsprechen.

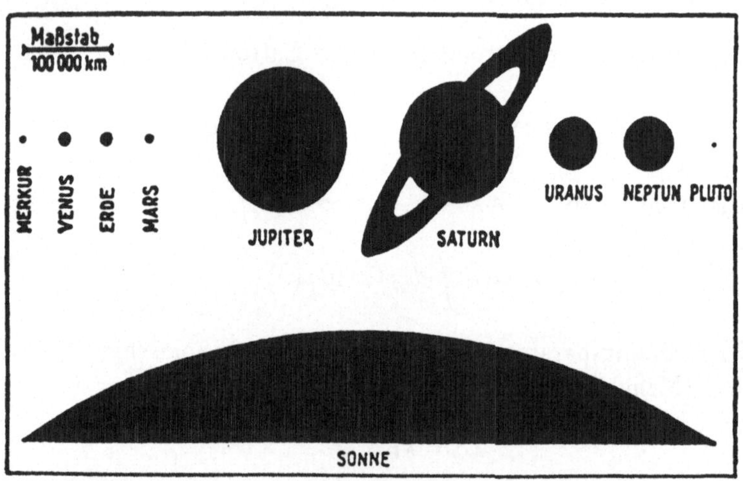

Fig. 10.1 Größenvergleich der Planeten Merkur - Venus - Erde - Mars - Jupiter - Saturn - Uranus - Neptun - Pluto mit der Sonne (Unsöld, Baschek, 1991)

Wichtige physikalische Eigenschaften der Planeten sind

- Durchmesser
- mittlere Dichte
- Rotationsdauer (aus Beobachtungen von Oberflächenerscheinungen, Radartechnik)
- Massenverteilung im Innern der Planeten
- Reflexionsvermögen (Angabe der Albedo als Verhältnis des reflektierten und gestreuten zum einfallenden Sonnenlicht)

- Spektrum des Lichtes als Nachweis chemischer Elemente

- Temperatur in der Atmosphäre bzw. auf der Oberfläche

Der globale Energiehaushalt der Planeten ergibt sich aus der Bilanz von Zustrahlung und Abstrahlung.

Die Zustrahlung von der Sonne ist in 1 AE = 1.5 10^{11} m Entfernung durch die Solarkonstante $S_\odot$ = 1.37 $\mathrm{kWm^{-2}}$ gegeben. Für einen Planeten mit dem Bahnradius r ist sie

$$S(r) = S_\odot(\frac{r}{1AE})^2$$

Der Planet (Radius R) nimmt hiervon eine Energie von

$$E_{Zu} = \pi R^2(1-A)S(r)$$

auf, wenn A seine mittlere Albedo (Reflexionsvermögen) ist, wobei für die Erde gilt $A_{Erde} \approx 0.3$.

Die Abstrahlung erfolgt überwiegend im Infrarot. Nach den Stefan – Boltzmannschen Strahlungsgesetz gilt

$$E_{Ab} = 4\pi R^2 \sigma T^4 \quad (\sigma = 5.67\ 10^{-8}\ \mathrm{Wm^{-2}K^{-4}}\ \text{Strahlungskonstante})$$

Da Planeten keine schwarzen Körper sind, wird anstelle der Temperatur T eine globale effektive Temperatur T_{eff} verwendet.

Weiterhin ist ein Wärmestrom Q aus inneren Energiequellen zu berücksichtigen, insbesondere bei Jupiter, Saturn und Neptun. Für die Erde und die erdähnlichen Planeten ist die freigesetzte Energie (z.B. Zerfall radioaktiver Elemente in der Gesteinskruste) mit $Q \approx 0.06$ W/m^2 $\approx$ 10^{-4} $S_\odot$ zu vernachlässigen.

Die Energiebilanz lautet somit

$$\pi R^2(1-A)S(r) + 4\pi R^2 Q = 4\pi R^2 \sigma T_{eff}^4$$

10.3 Evolution des Universums – kosmologische Aspekte

Die Kosmologie betrachtet die zeitliche Entwicklung des Kosmos als Ganzes. Von besonderer Bedeutung sind die Entdeckungen von HUBBLE und PENZIAS–WILSON zur Rotverschiebung bzw. Hintergrundstrahlung.

Entdeckung der Expansion des Weltalls aus der Rotverschiebung von Spektrallinien ferner Galaxien (Hubble, 1929)

Die Rotverschiebung wächst proportional mit der Entfernung. Die Fluchtgeschwindigkeit beträgt

$$\boxed{v = c\frac{\Delta\lambda}{\lambda_0} = c\frac{\lambda - \lambda_0}{\lambda_0} = H_0 r}$$

λ_0 = Laborwellenlänge = Wellenlänge im Ruhesystem der Galaxie
λ = gemessene Wellenlänge des bewegten Objektes
$H_0 \approx 50 \ldots 75$ km s^{-1}Mpc^{-1} : Hubble - Konstante
1pc = 3.1 10^{15} m
$\tau_0 = H_0^{-1}$: Hubble–Zeit → Alle Abstände sind Null, Beginn der Expansion

Zahlenwertgleichung:

$$\tau_0[a] = \frac{978 \cdot 10^9}{H_0[kms^{-1}Mpc^{-1}]} = .13 \cdot 10^9 \ldots 19 \cdot 10^9 \text{Jahre}$$

Alter des Universums $\approx 10^{17}$ s

Aus $\overline{v} = H_0\overline{r}$ (Ursprung des Koordinatensystems in unserer Galaxie) bzw. allgemeiner

$$\overline{v} - \overline{v}_1 = H_0(\overline{r} - \overline{r}_1)$$

folgt ein homogenes und isotropes Weltall mit einem linearen Expansionsgesetz.

Betrachten zur Zeit t eine endliche, expandierende "Weltkugel" mit dem Radius $R(t)$. Eine Galaxie auf der Oberfläche dieser Kugel wird nach dem Newtonschen Gravitationsgesetz von der in der Kugel enthaltenen Masse M angezogen.

$M = (4\pi/3)R(t)^3\rho(t) = \text{const}$: Masse mit Massendichte ρ(t)

$$\frac{d^2R}{dt^2} = -\frac{GM}{R^2} \quad : \text{Bewegungsgleichung}$$

(Folgt aus: $m\frac{d^2R}{dt^2} = F$ mit $F = G\frac{mM}{R^2}$)

$$\begin{aligned} \ddot{R}\dot{R} &= -G\frac{M}{R^2}\dot{R} \\ \frac{d}{dt}[\frac{1}{2}\dot{R}^2] &= \frac{d}{dt}[GM/R] \\ \frac{1}{2}(\frac{dR}{dt})^2 - \frac{GM}{R} &= h = -kc^2/2 = \text{const} : \text{Energiesatz} \end{aligned}$$

k = Krümmung

$$\Rightarrow (\frac{\dot{R}}{R}) = \sqrt{2\frac{h}{R^2} + \frac{8\pi}{3}G\rho(t)} \quad : \text{Skalenfaktor bzw. Hubble–Funktion}$$

Expansionsgesetz des Weltalls : $v = H(t)r$ mit $H(t) = \dot{R}/R$

Für Materiekosmos mit Massenerhaltung $\rho(t)R(t)^3 = \text{const} = \rho_0 R_0^3$ gilt

$$\dot{R}^2 = 2h + \frac{8\pi}{3}G\rho\frac{R^3}{R^3}R^2 = 2h + 2M/R \text{ mit } 2M = (8\pi/3)G\rho R^3 = \text{const.}$$

Im Fall $h = 0$ (glatter Einstein–de Sitter–Kosmos: $k = 0$) folgt mit $H_0^2 = (8\pi/3)G\rho$ aus

$$(\frac{dR}{dt})^2 = \frac{2M}{R} = \frac{h_0^2R_0^3}{R}$$

ein ständig expandierendes Weltmodell.

Wir erhalten

$$\begin{aligned} \frac{dR}{dt} &= \sqrt{\frac{h_0^2 R_0^3}{R}} \\ \sqrt{R}dR &= H_0 R_0^{3/2} dt \\ \frac{2}{3}R^{3/2} &= H_0 R_0^{3/2} dt \end{aligned}$$

$R(t)/R_0 = (3/2H_0 t)^{2/3}$

Einstein–de Sitter–Kosmos $R(t) \sim t^{2/3}$

$$\frac{R(t)}{R_0} = (\frac{t}{t_0})^{2/3} \quad \text{mit} \quad t_0 = \left(\frac{3}{2}H_0\right)^{-1}$$

Die kosmologische Gleichung (Energiesatz, Materiegleichung)

$\dot{R}^2 = -kc^2 + A/R$

mit $A = 2M$ = konstante Masse

läßt je nach Krümmung $k = +1, 0, -1$ qualitativ verschiedene Lösungen zu.

In Abhängigkeit eines dimensionslosen Dichteparameters

$$\Omega(t) = \rho(t)/\rho_c(t) \text{ mit } \rho_c(t) = \frac{H(t)^2}{(8\pi/3)G}$$

sind in der folgenden Tabelle die Evolutionsgesetze zusammengestellt.

Krümmung	Dichte	Zeitabhängigkeit
Hyberbolisch; $k = -1$	$\Omega < 1$	$R(t) \sim t$ monoton wachsend
Euklidisch; $k = 0$	$\Omega = 1$	$R(t) \sim t^{2/3}$ monoton wachsend
Sphärisch oder elliptisch; $k = +1$	$\Omega > 1$	Zykloide, d.h. Wechsel von Expansion und Kontraktion

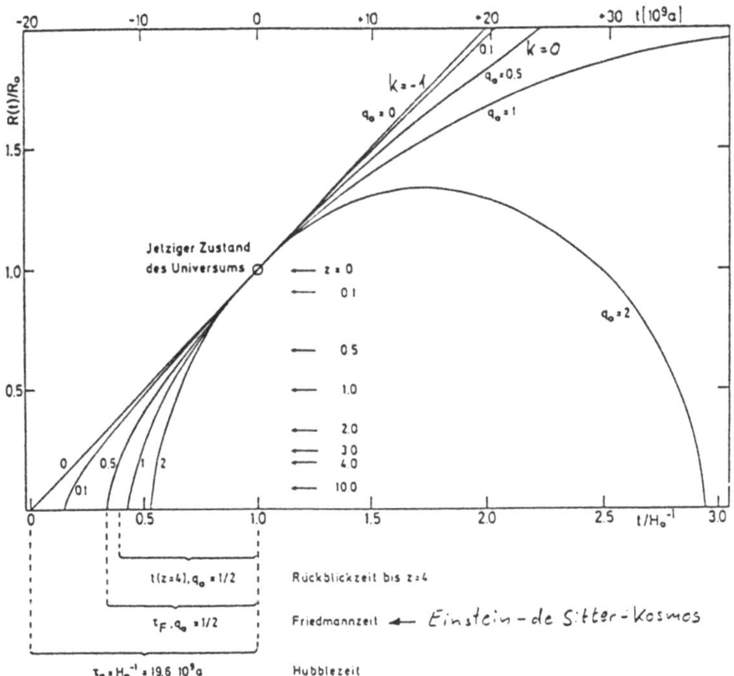

Fig. 10.2 Materieerhaltende Weltmodelle für offene Welten ($k \leq 0$ bzw. $0 \leq q_0 \leq 1/2$) und geschlossene Welten ($k > 0$ bzw. $q_0 > 1/2$). Der Abstand zweier Galaxien ist proportional dem Skalarfaktor $R(t)$. Der Zusammenhang zwischen $R(t)$ und der Rotverschiebung $z = \Delta\lambda/\lambda_0$ ist durch Pfeile angegeben (Unsöld, Baschek, 1991)

Entdeckung einer isotropen Hintergrundstrahlung von 3 K bzw. $\lambda = 7.35$ cm $\equiv 4.08$ GHz (A.A. Penzias und R.W. Wilson, 1965)

Dieser Überrest des Urknalls weist auf einen heißen, von Strahlung beherrschten Anfangszustand des Kosmos hin.

Big Bang	wie erfolgte	heute
● ——	——————————	——→
Urknall	die Evolution?	⇓

Parameter unserer Welt:

$H_0 = 50$ kms^{-1}Mpc^{-1}	Hubblekonstante
$\Omega_0 = 0.1$ (offenes Weltall)	Dichteparameter)
$\tau_0 = 19.6 \cdot 10^9$ a	Hubblezeit
$\rho_0 = 4.7 \cdot 10^{-28}$ kgm^{-3}	Mittlere Massendichte
$h_0 = 0.3$ m^{-3}	Mittlere Teilchendichte

Zur Erforschung kosmologischer Aspekte der Evolution des Universums ist eine interdisziplinäre Zusammenarbeit nötig. Von großer Wichtigkeit sind folgende Disziplinen:

- Physik der Elementarteilchen
- Strahlungsgesetze (Hohlraumstrahlung)
- Thermodynamik (Zustandsgleichungen)
- Theorie chemischer Reaktionen (Nukleationsprozesse)
- Allgemeine Relativitätstheorie

Im Rahmen der sogenannten Standardmodells entsteht ein Szenario, beginnend bei der Planck-Zeit (10^{-43} s) über die Quark-, Hadronen-, Leptonen-, Photonen- bis hin zur Materie-Ära.

Das folgende Kapitel behandelt einen Aspekt in der Entwicklung des Kosmos detailliert, u.z. die Entstehung der chemischen Elemente.

Kapitel 11

Die Entstehung der Elemente oder Moderne Alchemie

11.1 Kräfte und Bausteine der Natur

1. Gravitationskraft (Planeten–Bewegung)

Anziehende Kraft zwischen zwei Massen; immer vorhanden, aber quadratische Abnahme mit dem Abstand	Rel. Stärke $\sim 10^{-39}$

2. Elektromagnetische Kraft (Elektrizitäts–Lehre)

Kraft zwischen zwei Ladungen ($q_1 = +, q_2 = + \rightarrow$abstoßend; $q_1 = +, q_2 = - \rightarrow$ anziehend) immer vorhanden, aber quadratische Abnahme mit dem Abstand	Rel. Stärke $\approx \frac{1}{137}$

3. Starke Kernkraft (Atombombe)

Starke anziehende Kraft, wirkt nur auf kurzem Abstand	Rel. Stärke ≈ 1

4. Schwache Kraft (Radioaktivität ... lange Lebensdauer)

auch kurzreichweitig	Rel. Stärke $\approx 10^{-20}$

Griechen:	Atome (H, He, ..., U=92 Bausteine)
Thomson:	Elektronen + Positive Ladungen
Rutherford:	Elektron + Atomkern (92)
Kernphysik:	3 Bausteine: Elektron, Proton, Neutron
Teilchen–Physik:	Zoo neuer Elementar–Teilchen

Baryonen (schwer)	Leptonen (leicht)
Proton	e^-, ν_e
Neutron	μ^-, ν_μ
Kaon	τ^-, ν_τ
⋮	Elementar = nicht
zerlegbar	weiter zerlegbar ?

Beachte: Zu jedem Teilchen gibt es ein Antiteilchen.

Elektron	Positron	Materie + Anti-Materie
Proton	Anti-Proton	vernichten sich. Es
⋮	⋮	entsteht Strahlung
Welt	Anti-Welt	(Photonen)

Die Synthese von Bausteinen erfolgt unter Beachtung von Regeln, ausgedrückt durch die Erhaltungssätze.

1. Bausteine können unter Wirkung von Kräften zusammengesetzt werden.

2. Zusammengesetzte Bausteine können unter Wirkung von Kräften umgeordnet werden (Transfer–Reaktion, Zerlegung bzw. Spaltung, Fusion).

Erhaltungssätze:

Energie: Es gibt verschiedene Formen:

Gravitation, Wärme, Bewegung, Elektrizität, Masse [$E = mc^2$ (Einstein)], Strahlung ...

$E_1 + E_2 + E_3 + E_4 + \ldots = E_{total} = \text{konstant}$

$\Rightarrow$ Energie–Umwandlung ist möglich, aber Summe bleibt konstant (kein "Perpetuum Mobile" möglich)

Ladung: Summe der Ladungen vor und nach einem Prozeß ist konstant.

Teilchen–Klassen:

1. Summe der Baryonen ist konstant
2. Summe der Leptonen ist konstant
3. Keine Regel für Bosonen (z.B. Photonen, Pionen).

11.2 Charakterisierung der Elemente

11.2.1 Die chemischen Elemente

Bestimmende Größe für das chemische Verhalten:

$$Z = \begin{cases} \text{Anzahl der Elektronen} \quad (-Ze) \\ \text{Kernladung} \quad (+Ze) \end{cases}$$

Z	Element	Lebensdauer	Fundort
1	H		
2	He		
3	Li	stabil	
⋮	⋮		
26	Fe	$T_{1/2} = \infty$	
⋮	⋮		Erde
83	Bi		
84	Po	instabil	
⋮	⋮	langlebig	
92	U	$T_{1/2} \approx 10^{10}$ Jahre	
43	Tc	$T_{1/2} \leq 10^7$Jahre	Stern-
61	Pm	$T_{1/2} < 18$ Jahre	Atmosphären
93	Trans-	kurzlebig	Labor
⋮	urane	$T_{1/2}$ = Sek. . . Jahre	(künstliche
109			Herstellung)
Z=0	Neutron	$T_{1/2} = 10$ min	Labor

Alle Z – Werte beobachtet (Z = 0, . . . , 92)
Endliche Anzahl stabiler Elemente (Bindung ~ Z, Abstoßung ~ Z^2)

11.2.2 Die Isotope

Elemente mit gleicher Kernladung Z, aber verschiedener Masse M, gleicher Platz (= isos topus) in Periodischer Tabelle.

Beispiel: Z = 1 Wasserstoff

$$\left\{ \begin{array}{llll} M = 1 & \text{Proton} & {}^1H \ (p) & \text{stabil} \\ M = 2 & \text{Deuteron} & {}^2H \ (d) & \text{stabil} \\ M = 3 & \text{Tritium} & {}^3H \ (t) & T_{1/2} = 12 \text{ Jahre} \end{array} \right.$$

Anzahl	Lebensdauer	Fundort
280	stabil	Erde
67	instabil (aber langlebig)	Erde
> 1200	instabil (kurzlebig)	Labor (Künstl. Herstellung)

Alle Massenzahlen beobachtet (M = 1, 2, ..., 238)

Wichtige Ausnahmen : M = 5 (^{5} Li) $T_{1/2} = 10^{-22}$ s
M = 8 (^{8} Be) $T_{1/2} = 10^{-16}$ s

In Kernprozessen spielen Isotope individuelle Rollen.

11.2.3 Kernprozesse

Kerne wandeln sich durch Wirkung der starken und elektroschwachen Kraft um.

1. Kernfusion

   $$^{12}\mathrm{C} + {}^4\mathrm{He} \rightarrow {}^{16}\mathrm{O} + \gamma$$

   Energie wird frei in Form von Photonen γ

2. Transfer – Reaktion (starke Kraft)

   $$^2H + {}^3H \rightarrow {}^4\mathrm{He} + n \qquad \text{oder} \qquad d + t \rightarrow {}^4\mathrm{He} + \mathrm{n}$$

   Energie wird frei in Form von Bewegungsenergie

3. Kernzerfall (schwache Kraft)

$$n \rightarrow p + e^- + \bar{\nu}_e$$

Energie wird frei in Form von Bewegungsenergie

4. Paarerzeugung

$$\gamma \rightarrow e^+ + e^- \quad \text{Bewegungenergie}$$

Materie plus Antimaterie werden in gleichen Mengen geboren oder vernichtet

5. Kernspaltung

$$n + {}^{235}U \rightarrow {}^{236}U \rightarrow {}^{139}La + {}^{95}Mo + 2n$$
Bewegungsenergie

6. α– Zerfall

$${}^{212}Po \rightarrow {}^{208}Pb + {}^{4}He \quad \text{"}\alpha\text{– Teilchen"}$$
Bewegungsenergie

Wichtig: Alle Prozesse können auch umgekehrt ablaufen, z.B.

Photodissoziation:

$$\gamma + {}^{16}O \rightarrow {}^{12}C + {}^{4}He$$

Dann muß aber die notwendige Energie zur Verfügung gestellt werden.

11.3 Element–Synthese

Elemente = Atome = Elektronen + Kerne
Kerne = Protonen + Neutronen

Idee: (Gamow, Atkinson, Houtermans, ~ 1925)

Falls diese Bausteine verfügbar
⇓
Über Kern–Reaktionen die Kerne herstellen (Nukleosynthese)
⇓

Plus Elektronen $\Rightarrow$ Atome

Aber:

- Woher kommen die Bausteine ?
- Welche Kernreaktionen ?
- Häufigkeitsverteilung erklärbar ?
- In welcher Umgebung syntesierbar ?

11.4 Expansion des Universums

Hubble:

1. Galaxien ...alle "Rot-Verschoben", d.h. entfernen sich von uns mit der Zeit

2. " Hubble - Gesetz "

   $v/d = H =$ konstant

   $d =$ Abstand , $H^{-1} \cong 15 \cdot 10^9$ Jahre .

3. Bewegung der Galaxien ist ordentlich: Expansion in allen Richtungen gleich (isotrop)

4. Vor $H^{-1} = 15 \cdot 10^9$ Jahren waren alle Galaxien nahe beisammen
   Explosion (Urknall) ?
   Geburt des Universums ?
   Universum hat endliches Alter! (Evolution)

11.5 Elementsynthese im Urknall

Hubble (1932) : Expandierendes Universum
Hubble–Zeit $\cong 15 \cdot 10^9\ y$ = Alter des Universums

Gamow (1933) : Expansion "rückwärts" verfolgen

⋮

vor $15 \cdot 10^9\ y$ waren alle Galaxien
sich unendlich nahe
= "Höllen - Feuer"
= Explosion ("big bang")

Zeit : sec ... min
Temperatur : $10^{12} \ldots 10^7$ K
Energie : GeV ..keV

Neutron, Proton : M = 940 MeV
$n \leftrightarrow p + e^- + \nu : T_{1/2} \approx 10$ min

Beide Kernbausteine zu dieser Zeit vorhanden

⇓

Weitere Expansion und Abkühlung

⇓

Bildung von Galaxien/Sternen

⇓

Heute : $T = 2.76$ K (1965 experimentell nachgewiesen!)

Gamow (1946) : Alle Elemente (A = 1, ..., 238) hergestellt
zur Zeit
"sec ... min" nach Urknall durch
Neutroneneinfang und Beta-Zerfall

$p(n,\gamma)d$	M = 2
$d(n,\gamma)t(\beta,v)^3$He	M = 3
^{3}He$(n,\gamma)^4$He	M = 4
⋮	⋮

Frühes
Universum

≡ gigantischer Fusions - Reaktor

- Erklärt die nahezu gleiche Häufigkeitsverteilung in allen Ojekten des Universums.
- Wegen Neutronen-Zerfalls ($T_{1/2} = 10$ min) und obiger Fluss - Synthese werden die Elemente mit wachsender Masse mit immer geringerer Wahrscheinlichkeit hergestellt.

$$\downarrow$$

Kontinuierliche Abnahme der Häufigkeiten mit wachsender Masse erklärbar.

Doch es gibt Ausnahmen:

Kernphysik ($\approx$ 1950) $\Rightarrow$ keine stabilen Kerne mit M = 5 und M = 8

$$^4\text{He}(n,\gamma)^5\text{He} \longrightarrow ^4\text{He} + n \quad : \quad T_{1/2} = 10^{-22}\ \text{s}$$

$$\Downarrow$$

Im Urknall nur leichte Elemente hergestellt:

$p, d, ^3\text{He}, ^4\text{He}, ^7\text{Li}(= ^3\text{H} + ^4\text{He})$, keine "Metalle" : C, ... U

$$p + n \rightarrow d + \gamma$$

$$d + p \rightarrow ^3\text{He} + \gamma$$

$$^3\text{He} + n \rightarrow ^4\text{He} + \gamma$$

$$^3\text{He} + ^4\text{He} \rightarrow ^7\text{Li} + \gamma$$

11.6 Elementsynthese in Sternen

Urknall-Asche: ^{1}H ($Z = 1$), ^{4}He ($Z = 2$), <u>keine</u> Neutronen

Kernreaktionen dieser geladenen Kerne müssen abstoßende Ladungen überwinden.

Benötigt Umgebung mit hoher und wachsender Temperatur und Dichte. Bedingung erfüllbar in Sternen ≡ "Stellare Nukleosynthese"

Pioniere	Eddington	1920
	Hontermans	1929
	Atkinson	
	Bethe	1938
	Weizsäcker	
	Fowler	1958
	Hoyle	

Wie kam man auf diese Idee?

Kelvin ($\approx$ 1900) :	Energie–Quelle der Sonne: Gravitation $\Rightarrow$ Alter $t \leq 10$ Millionen Jahre
Paläonthologie :	$t \geq$ einige Millarden Jahre
Altersbestimmung der Erde (Rutherford)	$t_{\oplus} = t_{\odot} = 4.5$ Millarden Jahre
Eddington (1920) :	"Was im Cavendish–Labor möglich ist, sollte auch in der Sonne möglich sein" $\Rightarrow$Nukleare Energiequelle der Sonne (Sterne) gefordert.

Hertzsprung – Russel – Diagramm

"Leichte" Meßgrößen von Sternen:

$T_{\mathrm{Oberfläche}}$ (Farbe) , Luminosität $L/L_{\odot}$

Überraschung: Keine gleichförmige Verteilung, sondern Gruppierungen (Fig. 11.1). Die meisten Sterne ($\approx$ 95% aller Sterne) bevölkern das schmale Band der Hauptreihe.

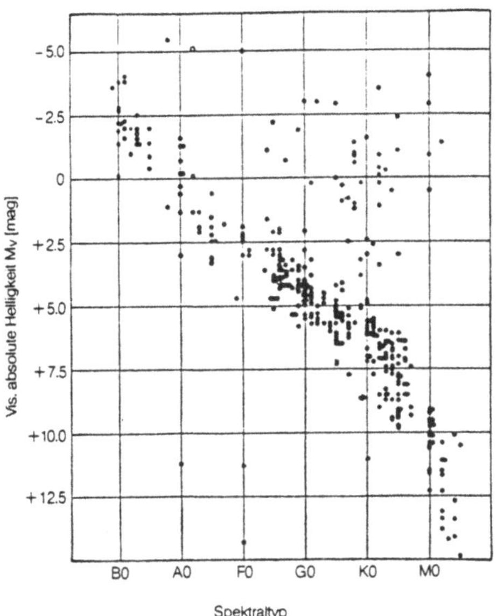

Fig. 11.1 Verteilung der Sterne im Hertzsprung - Russel - Diagramm, aufgetragen sind die visuelle absolute Helligkeit (bzw. Leuchtkraft $L/L_\odot$) und die Spektralklasse (bzw. Oberfächentemperatur) (nach Unsöld, Baschek, 1991)

Stefan - Gesetz : $L = 4\pi R^2 \sigma T^4$

$\odot$: Sonne $\frac{L}{L_\odot} = \left(\frac{R}{R_\odot}\right)^2 \left(\frac{T}{T_\odot}\right)^4$

Riesensterne
Links - Oben : $L/L_\odot = 10^6$, $T/T_\odot = 4$, $\Rightarrow R/R_\odot = 60$
Rechts - Oben : $L/L_\odot = 10^4$, $T/T_\odot = 1/2$, $\Rightarrow R/R_\odot = 400$

Kleine Sterne
Rechts - unten : $L/L_\odot = 10^{-3}$, $T/T_\odot = 1/2$, $\Rightarrow R/R_\odot = 0.1$

Weiße Zwerge
Links - Unten : $L/L_\odot = 10^{-2}$, $T/T_\odot = 2$, $\Rightarrow R/R_\odot = 0.02$

Die Etappen der Sternentwicklung sind:

1. Geburt

   Gravitation ⇒ Kondensation
   Interstellares Gas (H), Stern 1. Generation

2. Jugend
   $\varrho \geq 100$ g/cm^3 , $T > 10^7$ K
   H – Brennen
   pp-Kette: $4\text{H} \rightarrow^4 \text{He} + 25\text{MeV}$
   Stabilisierung

3. Mittleres Alter

4. Alter
   $\varrho \geq 10^3$ g/cm^3
   ^{4}He-Asche ⇒He - Brennen
   $T \geq 10^8$ K

   $3\alpha \rightarrow^1 2C$
   $^{12}\text{C}(\alpha,\gamma)^{16}\text{O}$
   $^{16}\text{O}(\alpha,\gamma)^{20}\text{Ne}$
   ⋮
   Neue Elemente (+ 8 MeV)

   C - O - Asche ⇒C - O Brennen
   A = 16 ... 28 (Si)
   ... ⇒ Si - Brennen
   A = 28 ... 56 (Fe)

   Dichte ϱ und Temperatur T nehmen zu

11.7 Endphasen der Sternenentwicklung

Nukleares Brennmaterial erschöpft ⇒ Stern zieht sich zusammen (gravitativer Kollaps)

Chandrasekhar (1935):

Atome können so dicht zusammenrücken bis sich die Elektronenhüllen berühren $\Rightarrow$ Elektronengegendruck

"Entartete Atom – Materie" $\equiv$ Riesiges Atom

$\Rightarrow$ Sterbender Stern stabilisiert falls

$M \leq 1.4\, M_{\odot}, \quad R \geq 9000$ km $= R_{+}, \; \varrho \leq 4 \cdot 10^{6}$ g/cm^{3}

$\equiv$ weißer Zwerg

Beachte:

Gravitationsenergie = "Streichholz" für Kernenergie

... benötigt Mindest–Masse $\approx 10^{-3} M_{\odot}$

$\Rightarrow M \geq 10^{-3} M_{\odot} \quad \equiv$ Stern
$\Rightarrow M < 10^{-3} M_{\odot} \quad \equiv$ Planet (Jupiter $= 0.9 \cdot 10^{-3} M_{\odot}$)

Oppenheimer und Zwicky ($\sim$ 1936):

Massive Sterne $\rightarrow$ Kollaps : Hohe Temperatur, hohe Dichte

Atom – Auflösung: $p + e^{-} \rightarrow n + \nu$ Neutrinos ν entweichen

"Entartete Neutronematerie" $\equiv$ Riesiger Kern $\Leftrightarrow$ Neutronengegendruck

$\Rightarrow$ sterbender massiver Stern ($M \geq 7 M_{\odot}$) kann Zentrum bis zu etwa $\leq 2 M_{\odot}$ als Neutronenmaterie stabilisieren ($R \geq 6$ km, $\varrho \leq 10^{16}$ g/cm^{3}) $\equiv$ **Neutronenstern (Pulsar)**

Sternenrest (Hülle) wird in einer großen Explosion, ausgelöst durch Gravitationsenergie, abgesprengt $\equiv$ **Supernova**

- Dadurch kommen Elemente aus dem Sterninneren nach draußen
- Ausgehend von Eisen als Brutkern werden Elemente mit $A > 56$ durch Neutroneneinfang/Beta – Zerfall erzeugt

Wenn Kernenergie – Vorrat nahezu verbraucht, dann zwei Varianten:

1. Normale Sterne ($M \approx M_\odot$): He - Brennen:
   Instabilitätsgebiet: Pulsierende Sterne (Cepheid)

   Abwurf von Masse ... $M \leq 1.4 \quad M_\odot$

   Planetarischer Nebel Novae Weißer Zwerg

2. Massive Sterne ($M \approx 10\ M_\odot \quad \ldots \quad 100\ M_\odot$)
   Supernova - Explosion: Nahezu ganze Masse abgeworfen

   Rest (Remnant)

   Neutronenstern Schwarzes Loch

Fassen wir zusammen:

Urknall: H , He

Gravitation
Kondensation

Interstellares

Gas , Staub

Stern

Massen - Abwurf
Planetarischer Nebel, Nova,
Supernova

Kapitel 12

Verteilung und Häufigkeit chemischer Elemente

12.1 Problemstellung

Aus unserer heutigen Kenntnis betrachten wir das Universum nicht als ein statisches, sondern als ein sich entwickelndes System. Es laufen Prozesse ab, die den Zustand dieses Systems ändern: Abstrahlung von Energie (Strahlung) von Sternen, Kollaps von Sternen (Supernovae), Materieströme und Aggregation.

Wie sahen die Frühstadien aus, welche Relikte sind noch vorhanden?

Mosaiksteine, die auf einen heißen, dichten Frühzustand ("big bang“) des Universums hinweisen:

- Expansion des Universum (Hubble–Konstante) aus Spektroskopie, Rotverschiebung der Spektrallinien, tauchen im Infraroten ein.

- Einstein–Theorie: geschlossenes oder offenes Universum? Kritische Massendichte $\approx 10^{-29}$ g/cm^3, beobachtete Massendichte liegt in diesem Bereich, liegt aber etwas unter der kritischen Massendichte.

- 3 K Hintergrundstrahlung
- Massenspektrum der chemischen Elemente ist eine der Informationen, die am weitesten in die Frühgeschichte des Universums hineinreichen.

Welche Fakten liegen zur Verteilung und Häufigkeit der chemischen Elemente vor?

Aus dem Periodensystem der Elemente gut bekannt: Ordnungszahl (ganzzahlig) und Atomgewicht (gebrochene Zahl, nicht durchweg stetig mit der Ordnungszahl ansteigend).

Zum Beispiel: ^{17}Cl $\Rightarrow$ relative Atommasse A = 35.45 ;
^{29}Cu $\Rightarrow$ relative Atommasse A = 63.546

Deutung: mehrere Isotope, Isotopenverteilung, Verteilung der Isotope unabhängig von der Fundstelle, einheitliche Isotopenverteilung für das gesamte Sonnensystem, einschließlich Planeten, Meteorite, usw.

Nicht nur Isotopenverteilung, auch Häufigkeitsverteilung der Elemente einheitlich für Sonnensystem.

Wird die Häufigkeit von Silizium (Si) willkürlich auf 1 gelegt, dann beträgt die Häufigkeit von Wasserstoff (H) etwa $10^{4.2}$, von Helium (He) $10^{3.5}$, ..., von Gold (Au) $10^{-6.24}$ (Abb. 12.2).

Verteilung der Elemente ist jedoch nicht universal:
Sie ist unterschiedlich für verschiedene Sterne, z.B. metallarme Sterne: Häufigkeit Z aller Elemente mit Ordnungszahl > 2 ist sehr klein. Vergleichsweise gilt für die Sonne: Prozentualer Anteil der Masse von Wasserstoff an gesamter Masse $X \approx 72\%$, Anteil der Masse von Helium an gesamter Masse $Y \approx 26\%$, Anteil der Masse "Metalle" an gesamter Masse $Z \approx 2\%$.

Nachweis des "chemischen Zustands" von Sternen, des "chemischen Aufbaus" von Galaxien durch spektrale Untersuchungen.

Auf der Erde nachweisbar: Häufigkeit der Elemente in der kosmischen

Strahlung (Ursprung außerhalb des Sonnensystems) sowie besonderer Meteorite.

Welche Ursachen haben zu diesen Häufigkeitsverteilungen der Elemente geführt? (Können wir die gebrochenen Zahlen für die relativen Atommassen der Elemente erklären?)

Zeitskala für die Elementbildung: Radioaktive Isotope. Da zerfallendes Uran noch existiert, können die Gesteine der Erde nicht unendlich alt sein → Alter des Universums.
Der Nachweis von relativ kurzlebigen Isotopen ($\sim 10^6$ Jahre Halbwertzeit: Tc, Al,...) auf Sternen zeigt, daß diese Isotope laufend gebildet werden.
Die Kernreaktione im Inneren von Sternen führen zu einer laufenden Veränderung der Häufigkeitsverteilung der Elemente.

Frage: Wie hat sich die ursprüngliche ("primordiale") Elementverteilung herausgebildet? Welche Aussagen folgen für das Frühstadium des Universums?

12.2 Erklärungsveruche für die Häufigkeitsverteilung der Elemente

Lassen sie sich als eine Gleichgewichtsverteilung interpretieren?

Reagierende Systeme: Gleichgewicht der Komponenten wird durch Massenwirkungsgesetz bestimmt. Kernreaktionen wandeln verschiedene Isotope (A) ineinander um. Gleichgewicht bei gegebener Temperatur T und chemischen Potential μ pro Nukleon (gegebener Teichendichte) ergibt Dichte n_A der jeweiligen Komponente (Atomsorte, A = Massenzahl)

$$n_A = g_A \left(\frac{A m k_B T}{2\pi\hbar^2} \right)^{3/2} e^{-(E_A - A\mu)/k_B T}$$

k_B: Boltzmann–Konstante

g_A: Entartungsfaktor (Spinsummation, auch Isospinsummation, falls Protonen und Neutronen gleichberechtigt als Nukleonen betrachtet werden → Symmetrische Materie)

μ: chemisches Potential, wird durch Gesamtdichte $n = \sum_A n_A$ fixiert

E_A: Bindungsenergie der jeweiligen Komponente (Atomkern) → Massendefekt

Einfachste Näherung:

Bethe–Weizsäcker–Formel

$$E_A = b_{vol} A - b_{surf} A^{2/3} - \frac{1}{2} b_{symm} \frac{(N-Z)^2}{A} - \frac{3}{5} \frac{Z^2 e^2}{R_c}$$

$$b_{vol} = 15.56 \text{ MeV}, \qquad b_{surf} = 17.23 \text{ MeV}$$

$$b_{symm} = 46.57 \text{ MeV}, \qquad R_c = 1.24\, A^{1/3} \text{ fm}$$

enthält Volumenanteil, Oberflächenanteil, Asymmetrieterm (Neutron–Proton–Differenz $N - Z$) und Coulombanteil.
Weitere Beträge: Pairing–Energie, magische Zahlen.

Typischer Wert für die Bindungsenergie pro Nukleon: 8 MeV

Ergebnis: Auch mit den empirischen Werten für die Bindungsenergien E_A lassen sich keine Werte für diese Temperatur ($\sim 10^{10}$ K) und Dichte n bzw. chemisches Potential μ finden, die die gesamte Häufigkeitsverteilung $A = 1 \ldots 238$ der Elemente nach obiger Formel beschreiben.

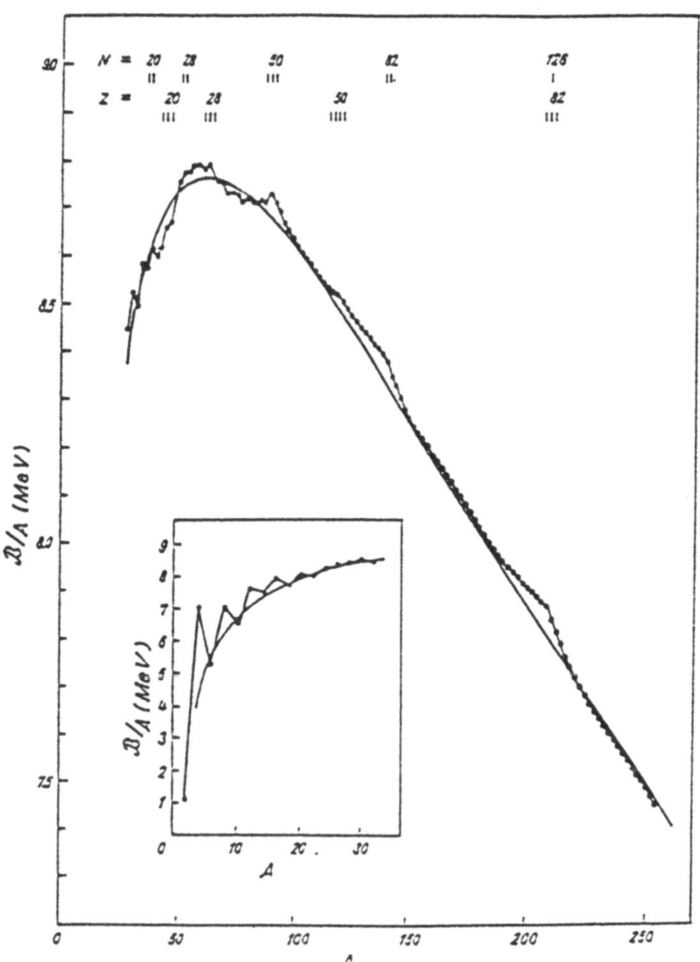

Fig. 12.1 Vergleich der experimentellen Bindungsenergien mit der halbempirischen Bethe–Weizsäcker–Massenformel (nach Bohr, Mottelson, 1975)

Erklärung der Häufigkeitsverteilung durch einen Nichtgleichgewichtsprozeß mit Kernreaktionen

- Primordiale Elementsynthese im frühen Universum (big–bang) bei hohen Temperaturen und geringen Dichten, liefert vor allem H, He ($Y_{primordial} \approx 24\%$), praktisch keine "Metalle" ($Z \approx 0$, Population III)

- Synthese der "Metalle", schweren Elemente erst bei Supernova-Explosionen: Brennen zu Fe, Bildung der schweren Elemente durch Neutroneneinfang und β–Zerfall (s, r, p–Prozeß)

- Nukleare Astrophysik, begründet durch Gamov, sowie Burbidge, Burbidge, Fowler, Hoyle, Rev. Mod. Phys. 29, 547 (1957)

Problem:

Spezifizierung der Bedingung, unter denen die Reaktionen ablaufen (Dichte der Neutronen, Temperatur), zeitliche Entwicklung des gesamten Systems (frühes Universum, Supernova–Explosion). Bestimmung der Reaktionsquerschnitte unter extremen Bedingungen im Labor nicht möglich, Extrapolationen. Häufigkeit der Elemente läßt sich mit einer Reihe von Ausnahmen aus solchen Reaktionsnetze auf Rechnern (Computercodes) berechnen.

12.3 Weiterführende Fragen

Die Synthese der Elemente hat sich vermutlich unter besonderen, extremalen Bedingungen vollzogen. Ein Problem ist die Bestimmung der Eigenschaften von Kernen und ihre Reaktionen in einer dichten, heißen Umgebung, z.B. bei Supernovaexplosion, aber auch im frühen Universum.
Mit den modernen Methoden der Quantenstatistik lassen sich die Änderungen etwa der Bindungsenergien E_A durch den Einfluß der Umgebung berücksichtigen, insbesondere Abschirmung der Coulomb–Wechselwirkung sowie Folgerungen aus dem Pauli–Prinzip (Pauli–blocking) für die Nukleonen, die als Teilchen mit halbzahligen Spin der Fermi-Statistik genügen.

Daß bei hohen Dichten die Bildung von Kernen (gebundene Zustände) erschwert wird bzw. in dichter Materie keine Bindungszustände als einzelne Einheiten existieren, wird als Mott–Effekt bezeichnet. Dies läßt sich aus dem Pauli-blocking gewinnen.
Die Abschirmung führt zu einer Verringerung des Coulomb–Anteils in der Bethe–Weizsäcker–Formel, so daß auch größere Atomkerne ($Z > 92$) in einer dichten Umgebung aus Protonen und Elektronen stabil werden können.
Die Vielteilcheneffekte führen zu einer Modifizierung des Massenwirkungsgesetzes und damit auch der Häufigkeiten bei hohen Dichten. Insbesondere lassen sich Verteilungen finden bei geeigneten Parametern von T, μ, die sowohl das richtige Verhältnis der Dichten von H und He (Y$\approx$ 0.24) als auch den ungefähren Verlauf der Häufigkeiten der schwereren Elemente widergibt, siehe dazu die folgenden Abbildungen.

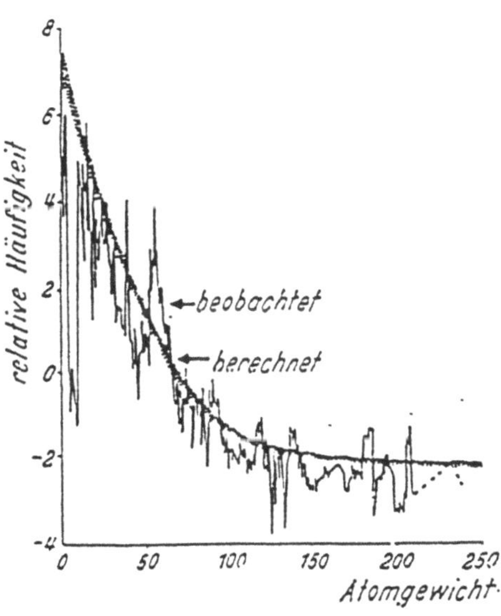

Fig. 12.2 Häufigkeit der chemischen Elemente und ihrer Isotopen in Abhängigkeit vom Atomgewicht (nach Gamow, 1948)

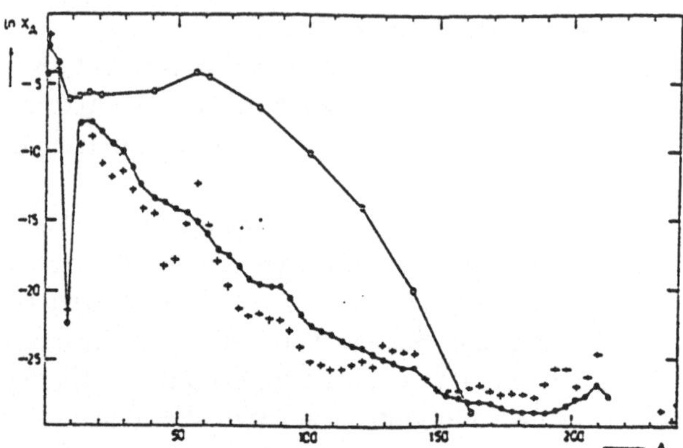

Fig. 12.3 Elementhäufigkeiten X_A als Funktion der Massenzahl, logarithmische Darstellung (nach Röpke, 1987)
+: mittlere solare Elementhäufigkeiten
o: Resultate nach thermischen Modellrechnungen
•: Ergebnisse aus quantenstatistischen Berechnungen

Damit kann die Frage, ob prinzipiell Gleichgewichtsverteilungen zu den beobachteten Elementverteilungen führen können, positiv beantwortet werden. Allerdings müssen die Details, einer solchen Elementverteilung immer durch die dynamische Betrachtung der Entwicklung der Systeme (Temperaturabfall, Dichteabfall) präzisiert werden.

Auch die möglichen Paramterwerte $T \sim 10^{10}$ K, $n \sim 0.1$ fm^{-3} weisen auf Bedingungen hin, die im Inneren einer Supernova bei der Explosion erreicht werden. Aber es bedarf noch einer weiteren Diskussion, um die Fragen zu beantworten, ob die Häufigkeitsverteilung der Elemente durch eine Gleichgewichtsverteilung bei extremen Bedingungen approximiert werden kann, welche Rolle der Einfluß einer dichten Umgebung auf diese Gleichgewichtsverteilung spielt, wie schließlich die Evolution des Nichtgleichgewichtszustandes diese genäherte Gleichgewichtsverteilung modifiziert.

Kapitel 13

Evolutionsprozesse in chemischen und biologischen Systemen

13.1 Einleitung

Evolutionsgedanken in der Biologie stimulierten wesentlich die Aufnahme dieses Konzeptes in das Bild der Wissenschaften generell. Entsprechend werden im Rahmen dieses Materials natürlich auch einige spezielle Fragen der Evolution biologischer Systeme diskutiert. Die dabei verwendeten Methoden der Beschreibung entstammen z.T. der chemischen Kinetik, so daß häufig ähnliche Differentialgleichungen und entsprechend ähnliche Phänomene zu verzeichnen sind und folglich auch im Zusammenhang diskutiert werden sollen. Die Analyse von chemischen und biologischen Prozessen wurde in der Entwicklungsphase der Theorie der Selbstorganisations- und Evolutionsprozesse auch lange Zeit unabhängig von der speziellen Anwendung in Chemie und Biologie durchgeführt, um nichtlineare Modellgleichungen diskutieren und Phänomene studieren zu können, die in der Physik zumindest bis zu dem Zeitpunkt nicht im Mittelpunkt des Interesses standen. Diese Modellbeispiele dienten im Stadium der Entwicklung der Theorie einerseits der Bestätigung ihrer grundlegenden Konzeptionen und andererseits der Suche nach prinzipiell neuen Effekten und Phänomenen, deren mögliche Existenz dann später auch für physikalische Systeme untersucht wurde.

Das Ziel dieses Kapitels besteht

- in der Diskussion der Möglichkeiten und Grenzen für die Ableitung von Bewegungsgleichungen in Chemie und Biologie
- in der Analyse spezieller Strukturbildungsprozesse in chemischen und biologischen Systemen
- in der Diskussion von Ansätzen zur Beschreibung von Entwicklungsprozessen in Chemie und Biologie mit physikalischen Methoden.

13.2 Mathematische Modelle in der Biologie und Chemie

13.2.1 Ableitung der dynamischen Gleichungen: Möglichkeiten und Grenzen

Ein System von Massenpunkten wird in der Mechanik z.B. durch die Newtonschen Gleichungen oder die zu ihnen äquivalenten Hamiltonschen Bewegungsgleichungen

$$\dot{q}_i = \frac{\partial H}{\partial p_i} \quad , \quad \dot{p}_i = -\frac{\partial H}{\partial q_i}$$

beschrieben. H ist die Hamiltonfunktion, q_i und p_i sind die sogenannten generalisierten Koordinaten und Impulse. Die Bewegungsgleichung ist von der Form her also für jedes System von Massenpunkten bekannt. Die Schwierigkeiten bei der Analyse der Bewegung von Systemen von Massenpunkten reduzieren sich damit auf die Auswahl geeigneter Koordinaten und Impulse, die Bestimmung der Hamiltonfunktion und die Lösung der resultierenden Differentialgleichungssysteme. Analog sieht es in anderen Bereichen der Physik aus (Elektrodynamik - Maxwellgleichungen, Quantenmechanik - Schrödingergleichung usw.). Im Gegensatz dazu stellt in Chemie und Biologie das Auffinden der adäquaten Bewegungsgleichungen ein von Fall zu Fall neu zu lösendes Problem dar. Eine Methode der Bestimmung der Bewegungsgleichungen besteht in der Anwendung der Grundideen der chemischen Kinetik. Diese ist nutzbar, wenn pro Volumeneinheit des betreffenden Systems viele reagierende Teilchen existieren. Im Rahmen der chemischen Kinetik wird die Änderung der Konzentration einer Sorte proportional zur Wahrscheinlichkeit des Zusammenstoßes der an der Reaktion beteiligten Komponenten angesetzt. Diese Wahrscheinlichekeit ist andererseits proportional der Konzentration der beteiligten Komponenten. Entsprechend erhält man z.B. für eine Reaktion des Typs

$$A_1 + A_2 \rightarrow P$$

$$\frac{d}{dt}P = k_1 A_1 A_2$$

Ein derartiges Vorgehen bei der Aufstellung von Bewegungsgleichungen wird als Formalkinetik bezeichnet. Sie liefert oft eine gute Basis für die Bestimmung von Bewegungsgleichungen, ist allerdings nicht korrekt, wenn

- die Teilchenzahl im System relativ gering ist (Zufallseffekte müssen berücksichtigt werden)
- die Bilanzgleichung sich ergibt als Folge der Existenz einer (z.T. nicht bekannten) Vielzahl von Elementarreaktionen
- katalytische Effekte auftreten.

Ein weiteres Problem besteht in der Bestimmung der Werte der Reaktionsparameter k_i, insbesondere auch dann, wenn die Reaktion sich aus einer Vielzahl von Elementarreaktionen zusammensetzt bzw. Gleichungen dieses Typs angewandt werden zur Modellierung biologischer Prozesse, z.B. der Entwicklung von Algenpopulationen in der Darß-Zingster-Boddenkette.

Die mit diesen Einschränkungen der Gültigkeit und Anwendbarkeit der Formalkinetik verbundenen Probleme kann man versuchen, von Fall zu Fall zu lösen, entsprechende Methoden dazu sind ausgearbeitet worden. Aber auch ein alternatives Vorgehen ist möglich, wie es bereits von dem russischen Mathematiker Kolmogorov als Aufgabe formuliert wurde:

> Ausgehend von qualitativen Aussagen über die Bewegungsgleichungen sind qualitative Aussagen über das Verhalten der untersuchten Systeme abzuleiten.

13.2.2 Das Flaschenhalsprinzip

In realen Systemen laufen gleichzeitig eine Vielzahl von Reaktionen ab. In einer Reihe von Fällen lassen sich jedoch die resultierenden Differentialgleichungssysteme reduzieren auf wenige Gleichungen. Die dieser Reduktion zugrundeliegende Idee wird häufig als Flaschenhalsprinzip bezeichnet.

> Das Reaktionsverhalten wird bestimmt durch einige wenige sehr langsam ablaufende Reaktionen.

Mathematisch ergibt sich die Begründung dieses Vorgehens aus dem sogenannten Tichonov–Theorem.
Diese wenigen sich langsam verändernden Variablen (sie werden als Ordnungsparameter des Systems bezeichnet) bestimmen die zeitliche Änderung aller anderen Variablen ("Versklaven" - slaving principle). In derartigen Fällen können auf den rechten Seiten der Bewegungsgleichungen Nichtlinearitäten praktisch jeder Art auftreten.

13.3 Strukturbildungsprozesse in chemischen Systemen

13.3.1 Chemische Oszillationen

Die Existenz der Möglichkeit selbststabilisierter isothermer chemischer Reaktionen wurde intensiv analysiert beginnend mit den Arbeiten von Belousov und Zhabotinsky (1957). Ein erstes Modell war der sogenannte Brüsselator, ein kinetisches Reaktionssystem, das bei bestimmten Parameterwerten Oszillationen vom Grenzzyklustyp zeigt:

$$\frac{d}{dt}X = A + X^2Y - (B+1)X \qquad A, B = \text{konstant}$$

$$\frac{d}{dt}Y = X(B - XY)$$

Ein Beispiel für ein derartiges Verhalten ist in der folgenden Abbildung gegeben (für ein anderes Reaktionssystem mit mehreren Variablen).

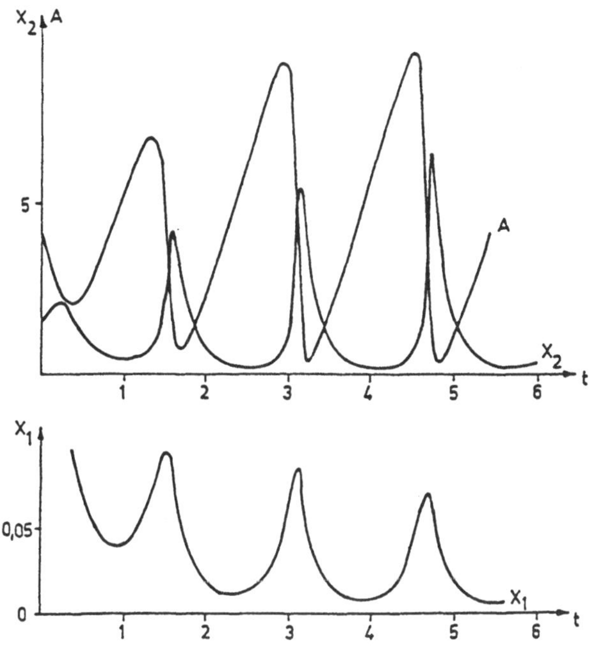

Fig. 13.1 Oszillation vom Grenzzyklustyp (nach Schmelzer, 1979)

13.3.2 Multistabilitäten und kinetische Phasenübergänge

Multistabilität bedeutet, daß in Abhängigkeit von den Ausgangsbedingungen verschiedene stabile stationäre Zustände angelaufen werden können. Für ein spezielles Reaktionssystem sind die möglichen stationären Zustände in Abhängigkeit von einem Parameter Φ_A in der folgenden Abbildung dargestellt. Die stabilen Zustände sind durch durchgezogene Linien, die instabilen durch Punktlinien repräsentiert. Besonders interessant ist hierbei der eingerahmte Bereich. Bei langsamer Änderung des Parameters ändert sich auch der Wert des stabilen stationären Zustandes und folgt einer der ausgezogenen Linien, solange die entsprechenden Zustände stabil bleiben. Bei darauf folgender Verminderung des Parameters wird eine andere Folge von Zuständen durchlaufen. Derartige Effekte bezeichnet man als Hysterese. Nur durch genügend intensive zufällige Fluktuationen ist in seltenen Fällen bei fixiertem Wert der Parameter der Übergang von einem in den anderen stabilen Zustand spontan möglich. Entsprechende Übergänge werden in Analogie zur Thermodynamik auch als kinetische Phasenübergänge bezeichnet.

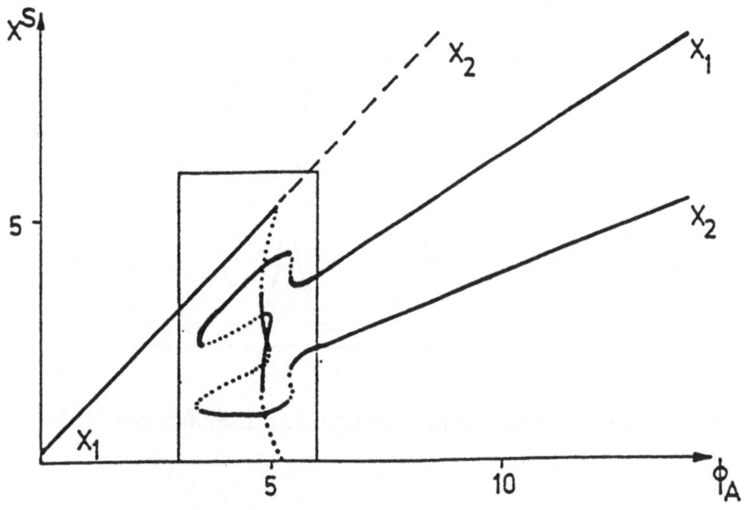

Fig. 13.2 Multistabilitäten in einem dynamischen System, das Konkurrenz mehrerer Sorten um einen Rohstoff A beschreibt, der mit einer normalen Rate Φ_A dem System zugeführt wird (Schmelzer, 1979)

13.3.3 Chemische Wellen und Führungszentren

In chemischen Systemen können ausgehend von sich spontan im System ausbildenden Zentren (Führungszentren) chemische Wellen (räumlich und zeitlich periodische Änderungen der Konzentration) ausgehen. Dabei können verschiedene Wellen, ausgehend von verschiedenen Führungszentren, konkurrieren. Im Resultat der Konkurrenz können sich die Wellen, die von einem speziellen Zentrum generiert werden durchsetzen, es gibt aber auch andere Möglichkeiten, z.B. die Chaotisierung des Systemverhaltens.

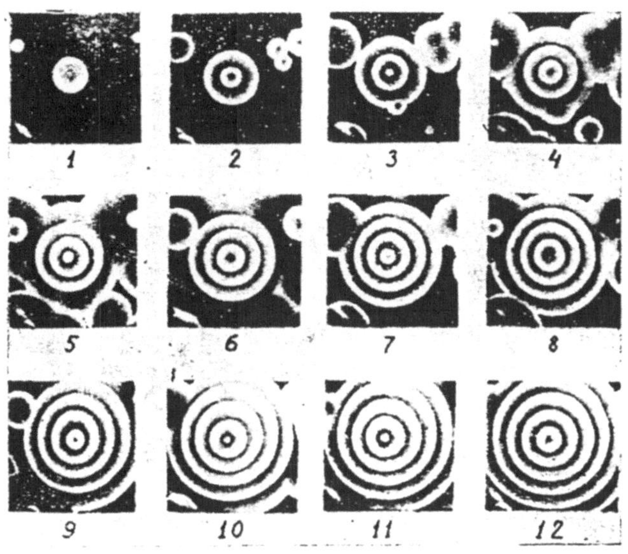

Fig. 13.3 Chemische Wellen (nach Ebeling, 1976, 1979)

13.3.4 Ausbildung stabiler räumlicher Strukturen

Werden in Systemen vom Typ des Brüsselators Diffusionsprozesse der verschiedenen Komponenten zugelassen, nehmen die dynamischen Gleichungen die Form

$$\dot{X} = A + X^2Y - (B+1)X + D_x \triangle X$$

$$\dot{Y} = X(B - Y) + D_y \triangle Y$$

an. D_x und D_y sind die Diffusionskoeffizienten der Sorten X und Y. Die Analyse dieser Gleichungssysteme zeigt, daß sich spontan räumliche Strukturen ausbilden können z.B. in der unten gezeigten Form. Die Möglichkeit einer derartigen spontanen räumlichen Strukturierung wurde erstmals von Turing (1952) gezeigt. Von ihm wurde auch erstmals auf eventuelle Anwendungen bei der Erklärung der Differenzierung von Zellgewebe hingewiesen.

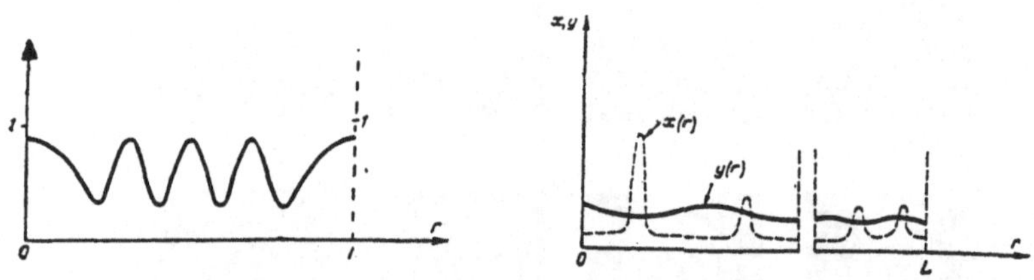

Fig. 13.4 Ausbildung stabiler räumlicher Strukturen in einem Reaktions - Diffusions - System (nach Kerner, Osipov, 1978)

13.4 Selektion und Evolutionsprozesse in biologischen Systemen

13.4.1 Ein einfaches Beispiel: Parallele Konkurrenz um Rohstoff

Analoge Typen von Verhaltensweisen können wie in chemischen auch in biologischen Systemen auftreten. In gewissem Grade spezifisch für biologische Systeme ist eine andere Form der Selbstorganisationsprozesse, die mit der Selektion von biologischen Spezies bei Konkurrenzprozessen verbunden ist (obwohl ein analoges Verhalten auch für Makromoleküle im Zusammenhang mit der Evolution des Lebens intensiv diskutiert wurde und wird). Hier sollen an Beispielen einige Eigenschaften derartiger Phänomene diskutiert werden. Als erstes Beispiel wird untersucht parallele Konkurrenz um Rohstoff entsprechend dem Gleichungssystem

$$\dot{X}_i = k_i A X_i - k_i' X_i \qquad \Phi_A = \text{konstant}$$

$$\dot{A} = \Phi_A - \sum k_i A X_i$$

Numerieren wir die Sorten ohne Beschränkung der Allgemeinheit so, daß gilt

$$k_1'/k_1 < k_2'/k_2 < \ldots < k_n'/k_n$$

so erhält man als Ergebnis der qualitativen Analyse, daß für große Zeiten nur die Sorte X_1 im System verbleibt.

13.4.2 Parallele Konkurrenz: Konstanz der Gesamtkonzentration der Sorten

Die Wachstumsrate der Sorten X_i sei gegeben durch

$$\dot{X}_j = E_j X_j + \Phi_j \quad ; \quad \sum X_j = C$$

Die Konstanz der Sortenkonzentration wird dabei durch einen Strom aus dem System der Form $\Phi_i = -k_0 X_j$ gewährleistet. Man erhält

$$\dot{X}_j = X_j \{E_j - (1/C) \sum E_k X_k\}$$

Wird die Numerierung so vorgenommen, daß gilt

$$E_1 > E_2 > \ldots > E_n$$

so folgt:

Für große Zeiten überlebt nur eine Sorte, die Sorte X_1, mit dem größten Wert von E. Das Selektionsverhalten ist also gleich, unabhängig von der konkreten Form des konkurrenzauslösenden Faktors.

13.4.3 Das Modell von Volterra

Das Wachstum der Sorten sei beschrieben durch

$$\dot{X}_j = X_j \{\epsilon_j - \Theta_j f(X_1, X_2, \ldots, X_n)\}$$

$$f(0, 0, \ldots, 0) = 0 \qquad \lim f(X_1, X_2, \ldots, X_n) = \infty$$

$$\frac{\partial f}{\partial x_j} \geq 0$$

$$\Theta_1/\epsilon_1 < \Theta_2/\epsilon_2 < \ldots < \Theta_n/\epsilon_n$$

Im Resultat der Konkurrenz überlebt die Sorte X_1.

13.5 Interpretation: Extremalprinzipien

Angenommen bei Konkurrenz um den Rohstoff überlebt die Sorte X_j. Dies bedeutet, daß sich im System eine stationäre Rohstoffkonzentration $A^{(S)} = k_j'/k_j$ ausbildet.
Das Überleben der Sorte X_1 führt also zur Minimierung der stationären Rohstoffkonzentration.
Analog kann man zeigen, daß für konstante Gesamtkonzentration der Sorten die Produktivität des Systems maximiert wird.

Frage 1: Gilt das betrachtete Selektionsverhalten für beliebige Systeme mit paralleler Konkurrenz?

Frage 2: Kann das Selektionsverhalten stets durch Extremalprinzipien in Analogie zur Thermodynamik beschrieben werden?

13.5.1 Verallgemeinerung: Das Prinzip von Gauze – Volterra

Wir betrachten als Beispiel Konkurrenz um den Rohstoff in einem verallgemeinerten System

$$\dot{X}_j = (k_j A - k_j) X_j - k_{-j} X_j^2$$

$$\dot{A} = \Phi_A - \sum k_j A X_j + \sum k_{-j} X_j^2$$

Ergebnis der Analyse:

- Die Sorte X_k wird im System nur ausgebildet, wenn auch alle Sorten mit $j < k$ überleben.
- Die Zahl der überlebenden Sorten wird bestimmt durch den Rohstoffzufluß Φ_A.

- Es gilt wieder ein Extremalprinzip: Von allen möglichen Zuständen bildet sich derjenige stabil aus, der einem minimalen Wert der stationären Rohstoffkonzentration entspricht.

Die Terme $k_{-j}X_j^2$ kann man als zusätzliche Konkurrenzfaktoren interpretieren. Entsprechend folgt aus der Analyse des Systems und einer Vielzahl weiterer Modelle ein Satz, der als Prinzip von Gauze-Volterra bezeichnet wird. Dieser lautet:

> Die Zahl der einen Konkurrenzprozeß überlebenden Sorten ist gleich oder kleiner als die Zahl der konkurrrenzbestimmenden Faktoren (ökologischen Nischen).

Fig. 13.5 Beispiel für die Gültigkeit des Gauseprinzips in natürlichen Systemen (nach Stugren, 1979)

Ähnliche Aussagen können auch getroffen werden für das betrachtete System, wenn die Konkurrenz um Rohstoff durch Konkurrenz, bedingt durch die Konstanz der Gesamtsortenkonzentration, ersetzt wird. Auch in diesem Falle gilt wieder ein Extremalprinzip.

Allerdings ist die Selektion nicht immer durch Extremalprinzipien charakterisierbar, wie an folgendem Beispiel zu ersehen ist (Bei $t = 7$ wird eine neue Sorte in relativ geringer Konzentration zugeführt. Die weitere Evolution zu dem neuen Zustand ist mit einer Erhöhung der stationären Rohstoffkonzentration verbunden).

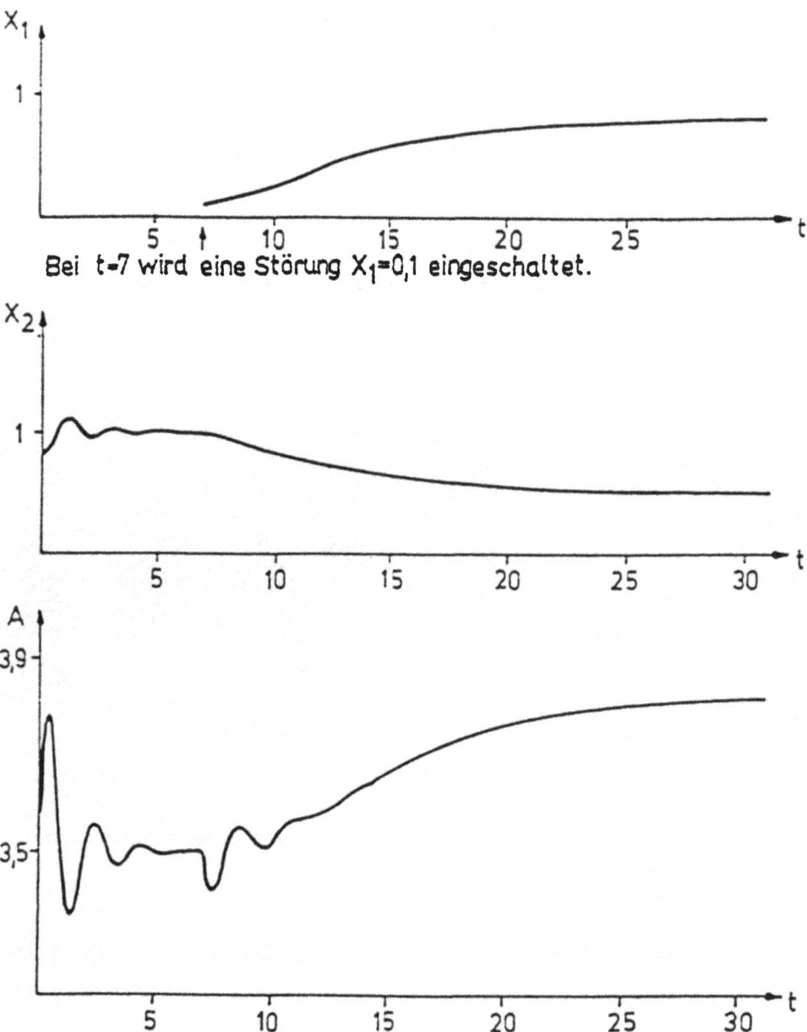

Fig. 13.6 Erhöhung der stationären Rohstoffkonzentration in einem Evolutionsschritt: Auftauchen und Durchsetzen einer neuen Sorte (nach Schmelzer, 1979)

13.5.2 Das Prinzip von Gauze–Volterra und Artenvielfalt

Wie gesehen führt die Konkurrenz in biologischen Systemen zur Reduzierung der Zahl der Sorten. Eine Artenvielfalt wird ermöglicht durch:

- Nutzung verschiedener ökologischer Nischen
- Zeitlich veränderliche Randbedingungen
- Umschalten von Räubern
- Kooperationseffekte

"Unter den Flohkrebsen ist die Gattung Gammarus mit fünf schwer voneinander zu unterscheidenden Arten vertreten. Gammarus locusta und G. oceanicus sind marin–meiomesohaline Arten, die im Brackwasser bis 5,5 ^{0}/oo S bzw. 2,5 ^{0}/oo S vordringen können. Wo G. locusta wegen des zu niedrigen Salzgehaltes fehlt, tritt neben G. oceanicus G. salinus auf. Sie ververträgt als guine Brackwasserart eine Aussüßung bis 2 ^{0}/oo S. Schließlich ist im Wasser unter 2 ^{0}/oo S die genuine Brackwasserart G. zaddachi vertreten, die nicht nur im Brackwasser unter 2 ^{0}/oo S optimale Entfaltung zeigt, sogar bis ins Süßwasser vordringt, sondern auch höhere Temperaturen als die übrigen drei Arten vertragen kann. In Gebieten, wo Salzgehalt, Temperatur, Sauerstoffgehalt oder Wasserstoffionenkonzentration extremen Wechseln unterliegen, wie z.B. in den Brackwassertümpeln auf den finnischen Schären, finden wir keine der vier Arten. Hier lebt Gammarus dübeni, die in den übrigen, an sich weit günstigeren Biotopen kaum vorkommt, da sie den anderen Arten (Gammarus salinus und G. zaddachi) durch geringere Eizahl, langsamere Entwicklung und späteren Eintritt der Geschlechtsreife so sehr unterlegen ist, daß sie der Konkurrenz dieser Arten nicht gewachsen ist." (Arndt, 1964)

Als ein Beispiel ist in der folgenden Abbildung die Konkurrenz um Rohstoff einer Reihe von Algensorten bei periodischen Temperaturschwankungen dargestellt.

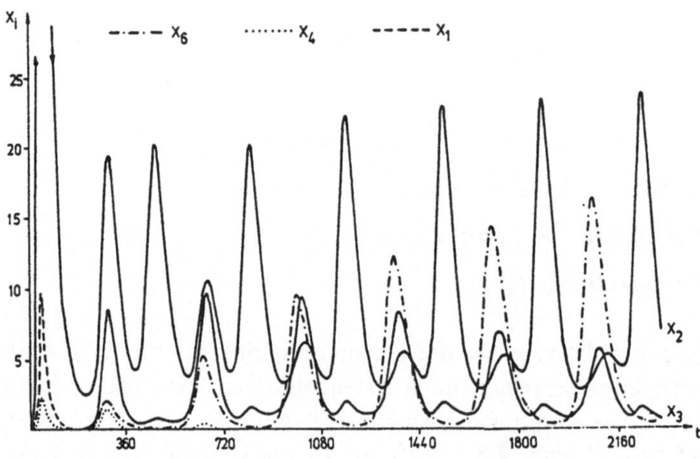

Fig. 13.7 Beispiel für die Erhöhung der Artenvielfalt durch zeitlich periodische Temperaturschwankungen (nach Schmelzer, 1979)

Zur Modellierung der Vielzahl von Wechselwirkungen in einem Ökosystem wird häufig ein verallgemeinertes Lotka–Volterra–Modell der Form

$$\dot{X}_j = \epsilon_j X_j + (1/\beta_j) \sum \alpha_{kj} X_k X_j \qquad j,k = 1,2,\ldots,n$$

$$\alpha_{jk} = \alpha_{kj}$$

verwandt. Eine Anpassung des Modells an die Realität, so daß charakteristische Eigenschaften von Ökosystemen adäquat wiedergespiegelt werden, ist jedoch keine einfache Aufgabe.

R.M. May: Once one is dealing with many interacting populations, life becomes difficult.

J. E. Cohen: Zur Überprüfung des Lotka–Volterra–Modells wurden Experimente mit Räuber-Beute-Systemen durchgeführt. In einigen Fällen traten tatsächlich Schwingungen auf, meist jedoch nicht. Häufig fraßen die Räuber alle Beutetiere und wurden selbst eliminiert oder die Beutesorten wuchsen unbegrenzt an. R. L. Lindeman stellte 1942 fest, daß Räuber nur einen geringen Teil der in den Beutetieren gespeicherten Energie effektiv nutzen. Je weiter ein Organismus von der direkten Nutzung der Sonnenenergie entfernt ist, desto unwahrscheinlicher ist es, daß er nur von Beutetieren lebt, die nur eine Stufe näher zur direkten Nutzung der Sonnenenergie stehen. Im Jahre 1959 nutzte G. E. Hutchinson diese Gedanken, um eine endliche Länge von Nahrungsketten zu erklären (4-5 Sorten in der Regel). Hutchinson ging davon aus, daß von Nahrungsebene zu Nahrungsebene jeweils soviel verwertbare Energie verloren geht, daß mehr Glieder der Kette nicht realisiert werden können. In den 60-iger Jahren wurden von R. M. May Modelle entwickelt, die ein umgekehrt proportionales Verhältnis zwischen Komplexität des Ökosystems (definiert als Zahl der Sorten und deren Freßbeziehungen) und der Stabilität individueller Populationen zeigen. Eine zu große Komplexität führt danach zu einer Destabilisierung. Die Untersuchung natürlicher Ökosysteme zeigte dann (Cohen), daß es feste Relationen zwischen verschiedenen Sorten gibt:

top species (reine Räuber, niemals Beute)	1/4
intermediate species (sowohl Räuber als auch Beute)	1/2
basal species	1/4

Die Zahl der Verbindungen weist ebenfalls definierte Strukturen auf:

top species - intermediate species	35%
intermediate species - intermediate species	30%
intermediate species - basal species	27%
top species - basal species	8%

Die Zahl der Verbindungen ist doppelt so groß, wie die Zahl der trophischen Sorten.

13.6 Anwendung physikalischer Methoden in der Modellierung biologischer Systeme

Die stationären Zustände des verallgemeinerten Lotka–Volterra–Systems sind bestimmt durch (vgl. 13.5.2)

$$\epsilon_j + (1/\beta_j)\sum \alpha_{jk} X_k^{(S)} = 0$$

Definieren wir neue Variablen

$$v_j = \ln\{X_j/X_j^{(S)}\}$$

so kann gezeigt werden, daß die Funktion G, definiert durch

$$G = \sum X_j^{(S)} \beta_j [\exp(v_j) - v_j]$$

eine Konstante der Bewegung ist (analog zur Hamiltonfunktion in der klassischen Mechanik). Ebenfalls analog zur Hamiltonschen Formulierung der Grundgleichungen der Bewegung können die Lotka–Volterra–Gleichungen geschrieben werden als

$$\dot{v}_j = \sum \Omega_{jk} \frac{\partial}{\partial v_k} G \qquad \Omega_{jk} = \alpha_{jk}/\beta_j\beta_k$$

Auf Basis dieser Formulierung kann eine statistische Mechanik biologischer Poplationen entwickelt werden, allerdings ist diese beschränkt auf Systeme, die durch die verallgemeinerten Lotka–Volterra–Gleichungen beschrieben werden können.

Kapitel 14

Selbstreproduktion, Clusterbildung und Konkurrenz in übersättigten Systemen

14.1 Die Hauptsätze der Thermodynamik

Die klassische Thermodynamik basiert auf den Hauptsätzen, siehe dazu die Ausführungen im 7. Abschnitt (Kapitel 7.2). Zur Wiederholung und Ergänzung werden der 1. und 2. Hauptsatz der Thermodynamik hier in anderer Formulierung nochmals kurz diskutiert.

Bilanzgleichungen haben in der Physik die gleiche wichtige Bedeutung wie die (finanzielle oder Material-) Bilanz eines Unternehmens, einer Geschäftsstelle oder eines Warenlagers. Sei $Z(t)$ die Quantität (Menge) einer (physikalischen) Größe innerhalb eines (thermodynamischen) Systems.

Wie kann sich $Z(t)$ zeitlich ändern? Die Abbildung (Fig. 14.1) zeigt die beiden prinzipiellen Möglichkeiten:

- Strom $\Phi(t)$ über die Systemgrenzen, d.h. Zu- oder Abfuhr führt zur Änderung der Menge in Z

- Erzeugung oder Vernichtung innerhalb des Systems, d.h. mit der Produktionsrate P(t) wird die Menge von Z verändert

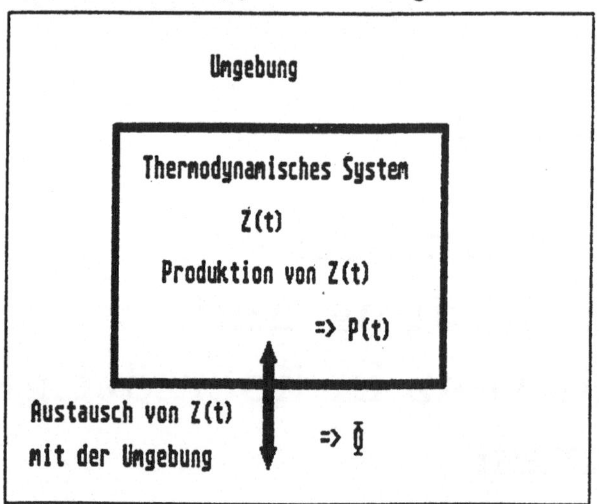

Fig. 14.1 Skizze zur Bilanz einer extensiven Größe Z

Bilanzgleichung:

$$\frac{dZ}{dt} = \frac{dZ}{dt}\Big|_{extern} + \frac{dZ}{dt}\Big|_{intern}$$

$$= \Phi(t) + P(t)$$

Die Hauptsätze sind Bilanzgleichungen für die Energie U und die Entropie S.

1. Hauptsatz der Thermodynamik → *Der Buchhalter der Energie*

- Es existiert eine extensive thermodynamische Zustandsfunktion *innere Energie* U, $U = \sum U_i$, die die Energiemengen des thermodynamischen System charakterisiert.
- Die Änderung der inneren Energie ist nur möglich durch einerseits Energiezufuhr von außen oder Abfuhr nach außen (d_eU) und andererseits Energieproduktion oder –vernichtung im Inneren (d_iU):

$$dU = d_eU + d_iU$$

- Für den inneren Anteil gilt stets:

$d_iU = 0$	: 1. Hauptsatz der TD

Verbot der Energieerzeugung oder -vernichtung

- Für den äußeren Anteil (Energiefluß) gilt

$$d_eU = dQ + dA$$

d.h. Energieübertragung durch Wärmestrom (dQ) und Arbeitsleistung, z.B. Volumenarbeit $dA = -pdV$.

Der 1. Hauptsatz verbietet nicht die restlose Umwandlung aller Energieformen ineinander, nur die Bilanz der Energiemengen muß stimmen, deshalb ist der 1. Hauptsatz der Energiebuchhalter. Erst der 2. Hauptsatz macht Einschränkungen bezüglich der Richtung der Energieumwandlungen.

2. Hauptsatz der Thermodynamik → *Der Administrator für die Entropie*

- Es existiert eine extensive thermodynamische Zustandsfunktion *Entropie* S, $S = \sum S_i$, die die Entropiemenge des thermodynamischen Systems charakterisiert.

- Die Entropie ändert sich einerseits durch Wechselwirkung (z.B. Stoff- und Wärmetransport) des Systems mit seiner Umgebung (d_eS) und andererseits durch im Innern des Systems ablaufenden Prozesse (d_iS):

$$dS = d_eS + d_iS$$

- Für den inneren Anteil gilt stets

$d_iS \geq 0$	: 2. Hauptsatz der TD

Verbot der Energievernichtung

Der Grenzfall $d_iS = 0$ gilt stets für reversible Prozesse, für reale irreversible Prozesse gilt stets $d_iS > 0$.

- Für den äußeren Anteil (Entropiestrom) gilt im allgemeinen

  $d_eS \neq 0 \qquad (d_eS > 0 \text{ oder } d_eS < 0)$

  in Abhängigkeit von konkreten Prozeß, z.B. für einen Wärmestrom gilt

  $d_eS = \frac{1}{T}dQ$

Der 2. Hauptsatz der Thermodynamik regelt, welche Prozesse spontan von selbst ablaufen, u.z. alle Prozesse, die zur Energiedissipation (Energieentwertung, Verringerung der Qualität der Energie) führen.

In *isolierten Systemen* (keine Wechselwirkung mit der Umgebung) geschieht beim Ablauf eines irreversiblen Prozesses etwas, was nicht wieder rückgängig gemacht werden kann, d.h. es wächst eine Größe (Entropie) an, die nicht wieder vernichtet werden kann.

Probleme: Zeitrichtung, Wärmetod, Gleichgewichtzustände, konservative Strukturen

In *offenen Systemen* (Austausch mit der Umgebung, z.B. Stoffwechsel bei Lebewesen) kann u.U. die Entropiemenge des System abgesenkt werden, wenn mittels einer Entropiepumpe mehr Entropie nach außen transportiert wird als im Innern produziert wird, d.h.

$$d_eS < 0 \quad \text{mit} \quad |d_eS| > d_iS > 0$$

$d_iS > 0$ Entropieproduktion	$\Longrightarrow$	$(-d_eS) > d_iS$
thermod. System	Entropiepumpen	Umgebung wird Müllhalde für Entropie

Damit ist die Möglichkeit für die Entstehung von dissipativen Strukturen gegeben.

Probleme: dissipative Nichtgleichgewichtsstrukturen, Selbstorganisationsprozesse, Entstehung des Lebens

14.2 Konkurrenz und Selektion im Eigen-Modell

Wir betrachten ein ca. 1970 vom Nobelpreisträger Manfred Eigen eingeführtes Modell für die Selbstproduktion von Sorten $\{X_1, X_2, \ldots, X_n\}$, wobei die Spezies verschiedene Reproduktionsraten $\{E_1, E_2, \ldots, E_n\}$ als Kontrollparameter besitzen, siehe auch Kapitel 13.4.

Ist ungehemmtes Wachstum möglich (unbegrenzte Rohstoffmenge A)

$$A + X_i \rightarrow^{E_i} 2X_i \qquad (i = 1, 2, \ldots, n)$$

so explodieren die Mengen (Anzahl, Konzentration) X_i unabhängig voneinander exponentiell

$$\tfrac{d}{dt} X_i = E_i X_i \qquad \Rightarrow \qquad X_i(t) = X_i(0) \exp\{E_i t\}$$

Führen wir eine Begrenzung der Ressourcen ein mittels der Zwangsbedingung der Konstanz der Gesamtteilchenzahl

$$\sum_{j=1}^{n} X_j = C = \text{const}$$

so kann jede Sorte nur auf Kosten der anderen beteiligten Sorte wachsen. In diesem einfachen Modell lautet die Konkurrenzgleichung

$$\tfrac{d}{dt} X_i = (E_i - < E >) X_i \qquad : \text{Eigen-Modell}$$

mit

$$< E >= \frac{\sum E_j X_j}{\sum X_j} \qquad : \text{Mittlere Reproduktionsrate}$$

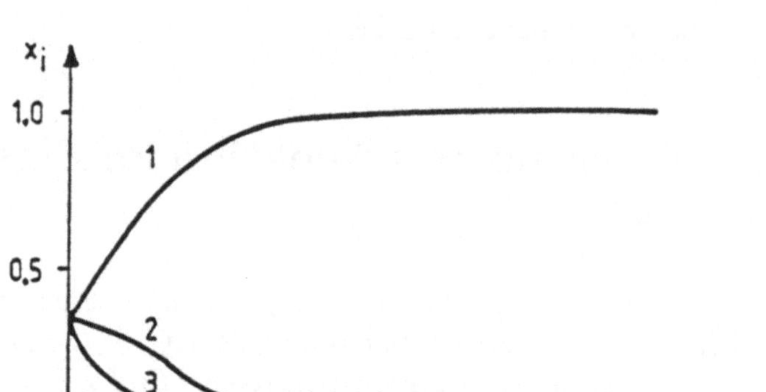

Fig. 14.2 Numerische Integration des Eigen–Modells für drei Sorten mit den Replikationsraten $E_1 = 3$, $E_2 = 2$ und $E_3 = 1$. Die Sorte mit der größten Produktionsrate (Selektionswert) überlebt, wie auch die folgenden Abbildungen zeigen

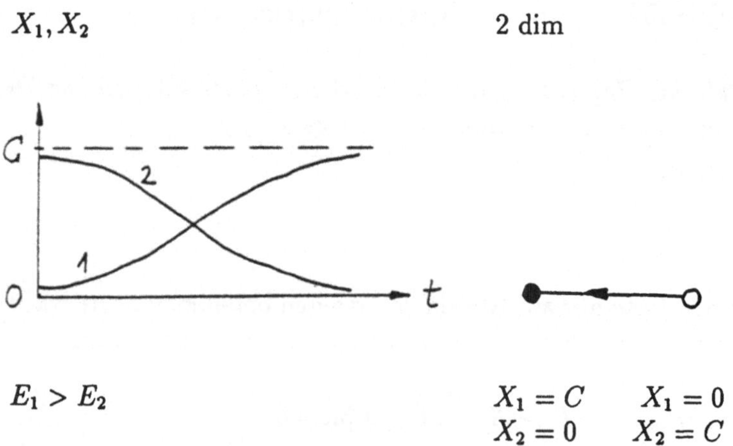

Fig. 14.3 Selektionsverhalten zwischen zwei Spezies im Eigen - Modell: Zeitliche Entwicklung (l.) und Phasenraumdarstellung (r.)

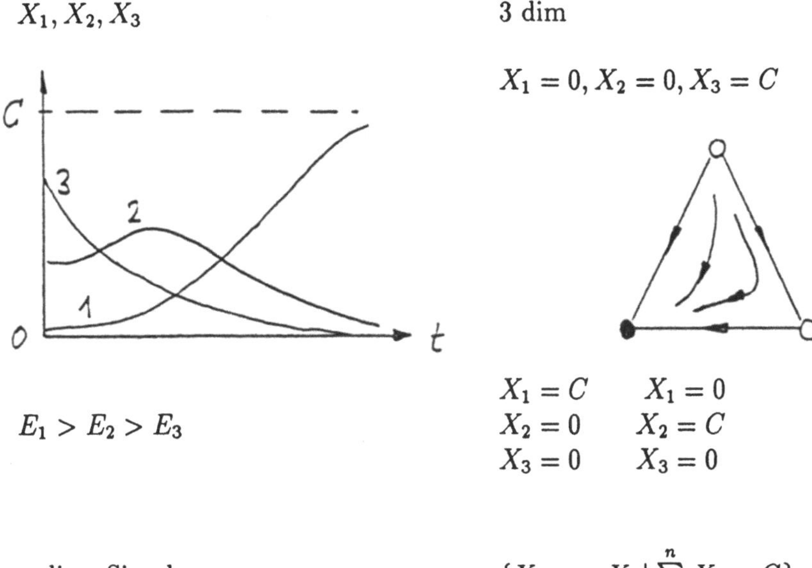

n-dim. Simplex $\qquad \{X_1, \ldots, X_n | \sum_{j=1}^{n} X_j = C\}$

Fig. 14.4 Zeitliche Entwicklung eines Ensembles aus drei Sorten im Eigen – Modell und das entsprechende Phasenraumporträt

14.3 Konkurrenz zwischen Clustern in übersättigten Dämpfen

In der Clusterphysik werden die Eigenschaften atomarer oder molekularer Cluster untersucht, z.Z. besonders aktuell seit der Entdeckung von W. Krätschmer et al. zur Herstellung von Fullerenen (z.B. C_{60}) mit $T_c = 48$ K als Sprungtemperatur für Supraleitung.

Fullerene, benannt nach dem Amerikaner R. B. Fuller, sind spezielle besonders stabile Clusterkonfigurationen, z.B. ist der Kohlenstoff–60–Cluster (C_{60}) eine (näherungsweise) Kugel, deren Oberfläche aus 12 Fünfecken und 20 Sechsecken besteht, analog der Oberfläche eines Fußballs. Auf allen diesen Ecken des gekappten Ikosaeders sitzen Kohlenstoffatome.

Weitere magische Clustergrößen sind

$$n = 76, 78, 84$$

wobei n = Clustergröße = Zahl der im Cluster gebundenen Grundbausteine (Momomere, z.B. Kohlenstoffatome).

Fig. 14.5 Geometrie eines C_{60}–Moleküls

Wir betrachten jetzt ein finites und endliches System aus M_0 = const Teilchen (Monomere) in einer Box (Volumen V = const) in einem Wärmebad (T = const) bzw. bei isoenergetischen Randbedingungen (U = const), siehe dazu die Abbildung 14. 6. Dieses thermodynamische System sei ein übersättigter Wasserdampf aus N_1 Monomeren, N_2 Dimeren, N_3 Clustern der Größe $n = 3$, u.s.w.

Der Zustand des Systems ist zu jedem Zeitpunkt durch die Angabe der diskreten Clustergrößenverteilungsfunktion

$$\underline{N}(t) = (N_1(t), N_2(t), \ldots, N_n(t), \ldots, N_N(t))$$

charakterisiert, wobei Teilchenzahlerhaltung

$$\sum_{n=1}^{N} nN_n = M_0 = \text{const}$$

als Konkurrenzsituation gilt.

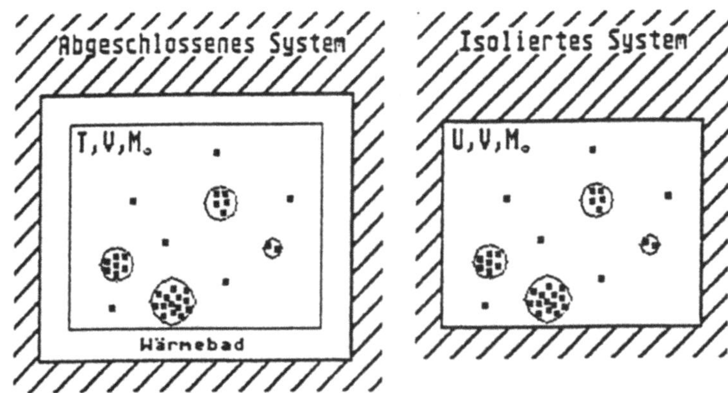

Fig. 14.6 Modell eines abgeschlossenen (l.) bzw. isolierten (r.) Systems bei isochoren Randbedingungen, in dem Monomere (Punkte) und kugelförmige Cluster (Kreise) existieren (nach Mahnke, 1990)

Betrachten wir zuerst die isotherme Einkeimsituation, d.h. ein Cluster der Größe n ($N_n = 1$) im Bad von Monomen ($N_1 = M_0 - n$).

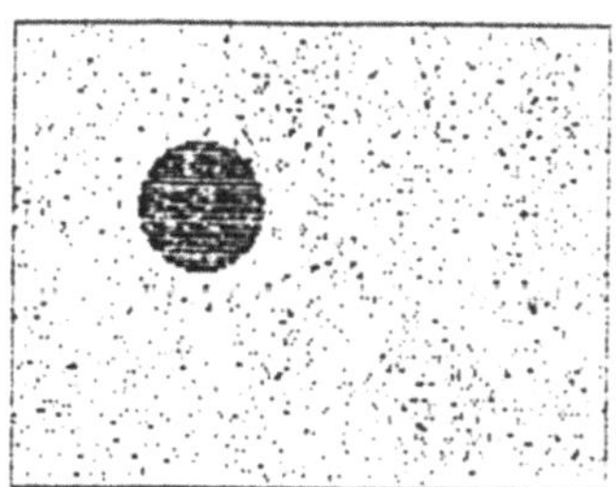

Fig. 14.7 Typische Einkeimsituation: Ein Cluster befindet sich zusammen mit Monomeren in einer Box bei konstanter Temperatur

Dynamik des Keimwachstums:

Bewegungsgleichung

$$\frac{d}{dt}n = v(n)$$

mit der Keimwachstumsgeschwindigkeit

$$v(n) = Dc_{eq}A(n)(k(n_{cr}) - k(n))$$

unter Verwendung der Abkürzungen für die Keimoberfäche $A(n) \sim n^{2/3}$ und die Krümmung $k(n) \sim n^{-1/3}$ eines sphärischen Clusters aus n Monomeren. Die beiden Parameter D und c_{eq} sind der Diffusionskoeffizient bzw. die Gleichgewichtskonzentration über einer ebenen Grenzschicht.

Das Wachstumsgesetz regelt den physikalischen Prozeß, der zur Kondensation oder zur Verdampfung von Monomeren an oder von einem n-Cluster und damit zur Veränderung der Clustergröße führt. Es berücksichtigt, daß die Gleichgewichtsmonomerkonzentration $c_{eq}(n)$ über einer gekrümmten Oberfäche mit der Krümmung $k(n)$ größer als der Gleichgewichtswert c_{eq} über einer ebenen Grenzschicht ist. Diese Krümmungsabhängigkeit bewirkt, daß Moleküle (Monomere) von Teilchen (Cluster) mit großer Krümmung (kleiner Radius) zu solchen mit kleiner Krümmung (große Keime) gelangen.

Im Gegensatz zum Eigen–Modell existiert hier bei der Keimdynamik eine zusätzliche stationäre Lösung, die kritische Keimgröße n_{cr}.

Es gilt

1. überkritische Keime wachsen

$$n > n_{cr} \text{ bzw. } k(n) < k(n_{cr}) \quad \Rightarrow \quad dn/dt > 0$$

2. unterkritische Keime schrumpfen

$$n < n_{cr} \text{ bzw. } k(n) > k(n_{cr}) \quad \Rightarrow \quad dn/dt < 0$$

Die folgende Abbildung (Fig. 14.8) zeigt, daß aufgrund der Endlichkeit des Systems es zu einer Verknappung der freien Monomere kommt. Da die kritische Clustergröße n_{cr} durch das gesamte Keimensemble determiniert ist und im Laufe der Zeit anwächst, werden immer mehr Sorten instabil, d.h. unterliegen im Konkurrenzprozeß, so daß für lange Zeiten nur ein großer Cluster überlebt.

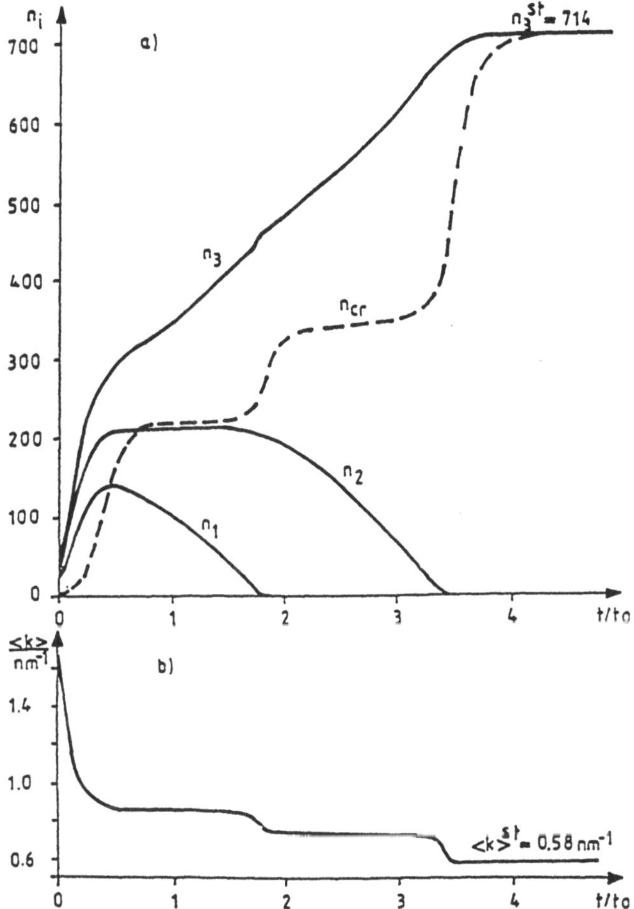

Fig. 14.8 Wachstum und Reifung eines Ensembles aus drei Clustergrößenklassen (Sorten). Die Zeitentwicklung der Clustergrößen n_1, n_2, n_3 ist im Vergleich zum kritischen Wert n_{cr} aufgetragen, ebenso die mittlere Krümmung $< k >$ (nach Ulbricht et al, 1988)

Vergleich	Eigen–Dynamik	Cluster–Dynamik
Bewegungsgl.	$\dot{X}_i = f(x_1, \ldots, x_N)$	$\dot{n} = v(n_1, \ldots, n_i, \ldots, n_N)$
rechte Seite	$f(x) = X_i(E- < E >)$	$v(n) = \alpha A(n_i)(< k > -k(n_i))$
Mittelwert	$< E >= \frac{\sum E_j X_j}{\sum X_j}$	$< k >= \frac{\sum k(n_i) A(n_i)}{\sum A(n_i)}$
Erhaltungssatz	$\sum X_j = const$	$\sum n_j = M_0 = const$

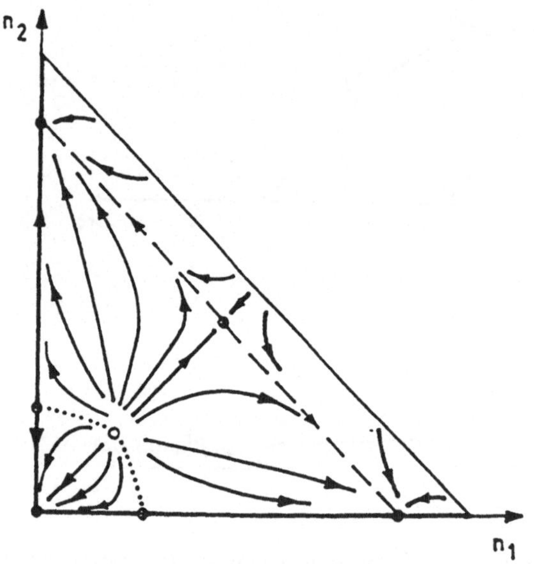

Fig. 14.9 Das Phasenraumporträt für die Cluster–Dynamik mit zwei Sorten 1 und 2 zeigt schematisch den Fluß im zweidimensionalen Raum der Clustergröße (n_1, n_2) mit instabilen (∘), stabilen (•) und Sattel (⊕)–Fixpunkten (nach Ulbricht et al, 1988)

14.4 Molekulardynamik zur Clusterbildung

Molekulardynamik–Simulationen, z.Z. für Systeme im Nanometer (nm) - und Nanosekunden (ns) - Bereich mit 1000 ...4000 Teilchen bei $10^4 \dots 10^5$ Integrationsschritten.

Vorteile von Computersimulationen:

- Physikalische Parameter (Temperatur T, Druck p, ...) frei wählbar
- Räumliche Struktur direkt aus der Simulation (3–dim. Darstellung, Paarkorrelationen)
- Messung physikalischer Größen während der Simulation

N - Teilchen - System : $\quad i \rightarrow \vec{p}_i, \vec{q}_i$

Die Bewegungsgleichungen (Hamiltonsche Gleichungen)

$$H(\{\vec{q}_i, \vec{p}_i\}) = \sum_{i=1}^{N} \frac{\vec{p}_i^{\,2}}{2m_i} + \sum\sum_{i<j} U(|\vec{q}_i - \vec{q}_j)$$

$$\dot{\vec{p}}_i = -\frac{\partial H}{\partial \vec{q}_i} = \vec{F}_i(\{\vec{q}_j\}) = -\sum_{j \neq i} \frac{\partial}{\partial \vec{q}_i} U(|\vec{q}_i - \vec{q}_j|)$$

$$\dot{\vec{q}}_i = +\frac{\partial H}{\partial \vec{p}_i} = \frac{\vec{p}_i}{m_i}$$

werden numerisch integriert.

Bei Molekulardynamik–Simulationen müssen pro Teilchen mindestens sechs Orts- und Impulskoordinaten gespeichert werden. Die Berechnung der auf die Teilchen wirkenden Kräfte erfordert pro Integrationsschritt einen hohen Aufwand, da alle Zwei–Teilchen–Wechselwirkungen $U\,(|\vec{q}_i - \vec{q}_j|)$ zwischen allen Teilchen ausgewertet werden müssen. Der Rechenaufwand steigt stark mit der Teilchenzahl an.

Die folgende Abbildung (Fig. 14.10) zeigt schnappschußartig den Phasenübergang von einem unterkühlten Gas über Tröpfchenbildung (homogene Nukleation) in Richtung auf die flüssige Phase. Die Folge von

Zeitpunkten dieses dreidimensionalen Gas - Flüssigkeits - Nukleationsexperiments zeigt graphisch die sich herausbildenden Teilchenkonfigurationen (Cluster). Die Clustergrößenverteilung evolviert von einer deltaförmigen Anfangsverteilung (nur Monomere) über eine breite Verteilung bis zur Endverteilung mit einem großen Flüssigkeitstropfen im Bad von Mikroclustern (Dampf).

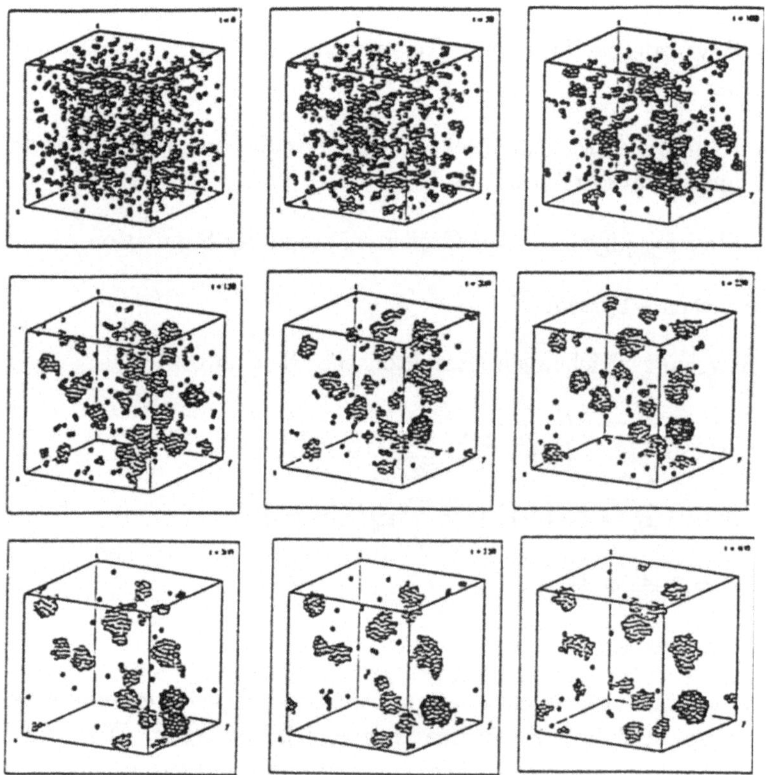

Fig. 14.10 Zeitlicher Verlauf eines Molekulardynamik-Experiments zur homogenen Nukleation (nach Waldor, 1989)

Kapitel 15

Zelluläre Automaten

15.1 Einleitung

In den Naturwissenschaften ist die übliche mathematische Beschreibung die mit gewöhnlichen Differentialgleichungen (dynamisches System, vgl. Kap. 4)

$$\frac{d}{dt}x(t) = f(x(t))$$

für die zeitliche Entwicklung der Größe $x(t)$ bzw. mit partiellen Differentialgleichungen

$$\frac{\partial}{\partial t}x(r,t) = f(x(r,t)) + \frac{\partial^2 x(r,t)}{\partial r^2}$$

für die räumlich–zeitliche Entwicklung der Größe $x(r,t)$.

Solche Reaktions - Diffusions - Gleichungen sind praktikabel für kontinuierliche Systeme mit wenigen Freiheitsgraden.

Sie beschreiben u. a.

- die reine Diffusion, d.h. kein Reaktionsterm $f \equiv 0$

$$\frac{\partial}{\partial t}x(r,t) = \Delta x(r,t)$$

- das Frontenwachstum und die Keimbildung und -vergrößerung mit einer bistabilen Reaktionsfunktion

Eine Einteilung des Raumes in Boxen führt auf eine Kompartmentierung, d. h. durch die Diskretisierung wird anstelle der partiellen Differentialgleichungen ein Satz von gekoppelten gewöhnlichen Differentialgleichungen verwandt.

Diese Grundidee der Diskretisierung in Raum und Zeit liegt auch den *Zellulären Automaten* zugrunde.

Zelluläre Automaten (Cellular Automata, CA) sind durch fünf charakteristische Eigenschaften definiert:

1. CA bestehen aus einem diskretisierten n-dimensionalen Raum
   → Zellenstruktur, Gitterstruktur [discrete lattice of sites]

2. CA entwickeln sich in diskreten Zeitschritten
   → Zeittakte [discrete time steps]

3. Jede Raumzelle besitzt endlich viele diskrete Zustände
   → diskreter Wertevorrat [finite set of possible values]

4. Der Wert einer Zelle berechnet sich mittels deterministischer Vorschriften
   → deterministische Bewegungsgleichungen [deterministic rules]

5. Die Vorschriften zur Evolution des Zustandes einer Zelle beziehen nur die lokale Umgebung dieser Zelle mit ihren aktuellen Werten ein
   → lokales Entwicklungsgesetz [local neighbourhood]

Zelluläre Automaten (CA) generieren im allgemeinen bei gegebenen einfachen lokalen Produktionsregeln eine äußerst komplizierte globale Raum - Zeit - Struktur.

Diese Eigenschaft ist typisch für *komplexe Systeme*: Einfache lokale Wechselwirkungen produzieren durch ihr Zusammenwirken komplizierte Strukturen im Globalen.

→ Kooperatives Verhalten, Synergetik

Zelluläre Automaten sind diskrete Idealisierungen von partiellen Differentialgleichungen (Reaktions - Diffusions - Gleichungen, Navier -

Stokes - Gleichungen, ...), in denen Raum und Zeit als diskret angenommen werden, und die (physikalische) Variable nur endlich viele diskrete Werte haben kann.

Das einfachstes Beispiel ist der eindimensionale binäre zelluläre Automat.

Sei $a_i(t)$ der Wert der Variablen a in der Zelle i zum Zeitpunkt t:

$$a_i(t) = \begin{cases} 0 & \text{z.B. Spin hoch} \\ 1 & \text{z.B. Spin runter} \end{cases} \qquad \text{Boolsche Variable}$$

Die lokale Produktionsregel (updating rule) könnte z. B. lauten

$$a_i(t+1) = (a_{i-1}(t) + a_{i+1}(t)) \quad mod 2$$

Das Ziel ist die Ermittlung der zeitlichen Entwicklung der Zellzustände (Konfiguration) und die eventuelle Bestimmung des Endzustandes.

Zelluläre Automaten sind mathematisch - physikalische Modelle für komplexe Systeme, in denen viele einfache identische Komponenten (Grundbausteine) durch ihr kooperatives Wirken komplizierte Strukturen bzw. Muster erzeugen.

Extensiv studiert, u. a. mit parallelverarbeitenden Rechnern, Vektor- und Supercomputern von WOLFRAM, PACKARD, FARMER u.a. Erste Beispiele veröffentlichte M. GARDNER in *Scientific American* 1971 und 1972; besonders populär wurde *Conway's game of life.* Der Mathematiker CONWAY studierte in seinem CA - Spiel Wachstums-, Zerfalls- und Wechselwirkungsprozesse, in dem er die drei Regeln Überleben (Zelle überlebt, wenn zwei oder drei Nachbarschaftszellen besetzt sind), Aussterben (besetzte Zelle stirbt, wenn mehr als drei oder weniger als zwei Nachbarzellen besetzt sind) und Geburt (unbesetzte Zelle wird besetzt, wenn genau drei Nachbar besetzt sind) definierte. Die Simulation auf dem Rechner zeigt komplizierte Muster, die in Abhängigkeit von der Anfangskonfiguration u. a. periodisches Verhalten zeigen.

Trotz dieses einfachen Mechanismus - der Zustand $a_i(t)$ wird entsprechend einer Menge von Regeln, die jeweils lokal Anwendung finden, zu diskreten Zeitpunkten immer wieder aktualisiert - besitzen zelluläre

Automaten eine große Vielfalt.. Ein zweidimensionaler binärer Automat erster Ordnung erlaubt z.B. unter Berücksichtigung von 9 Nachbarn etwa die überastronomische Zahl von 10^{154} verschiedenen Bildungsgesetzen.

15.2 Deterministische eindimensionale binäre zelluläre Automaten

In diesem Abschnitt werden zunächst *deterministische eindimensionale binäre zelluläre Automaten* betrachtet, deren Evolution durch folgende Abbildung gegeben ist:

$$a_i(t+1) = F(a_{i-r}(t), ..., a_i(t), ..., a_{i+r}(t))$$

$$r = \text{Ordnung der lokalen Iterationsregel}$$

Berücksichtigen wir lokal nur nächste Nachbarschaftswechselwirkungen der (niedrigsten) Ordnung $r = 1$ und bezeichnen die Zustände a_i mit den Werten 0 (nichts bzw. weiß) und 1 (etwas bzw. schwarz), so lautet die Iterationsregel im elementaren Fall:

$$a_i(t+1) = F(a_{i-1}(t), a_i(t), a_{i+1}(t)) \quad \text{mit} \quad a_i = \{0, 1\}$$

Da es $2^3 = 8$ mögliche Werte der drei Variablen a_{i-1}, a_i, a_{i+1} gibt, können somit insgesamt $2^8 = 256$ verschiedene zelluläre Automaten mit den o.g. Bildungsregeln konstruiert werden. Beschränken wir uns auf solche Bildungsgesetze, die anwachsende dreiecksartige Muster liefern, d. h.

F(0,0,0)=0 : Ruhebedingung, d.h.. "Aus Nichts wird nichts"

F(0,0,1)=1
F(1,0,0)=1 : Ränderbedingung

so bleiben $256/2^3 = 2^5 = 32$ mögliche Automaten übrig.

Die folgenden Abbildungen (Fig. 15.1) zeigen die Evolution aller 32 eindimensionalen elementaren zellulären Automaten, die entsprechend den o.g. Bildungsgesetzen mit den genannten Einschränkungen möglich sind.

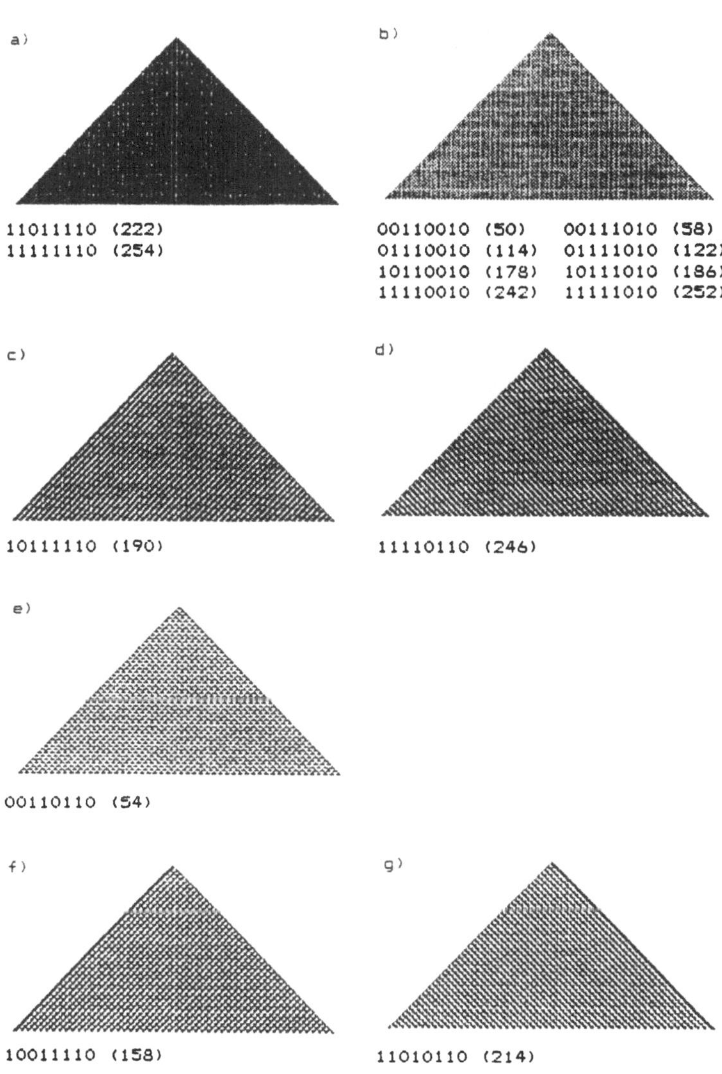

Fig. 15.1 Fortsetzung auf der nächsten Seite

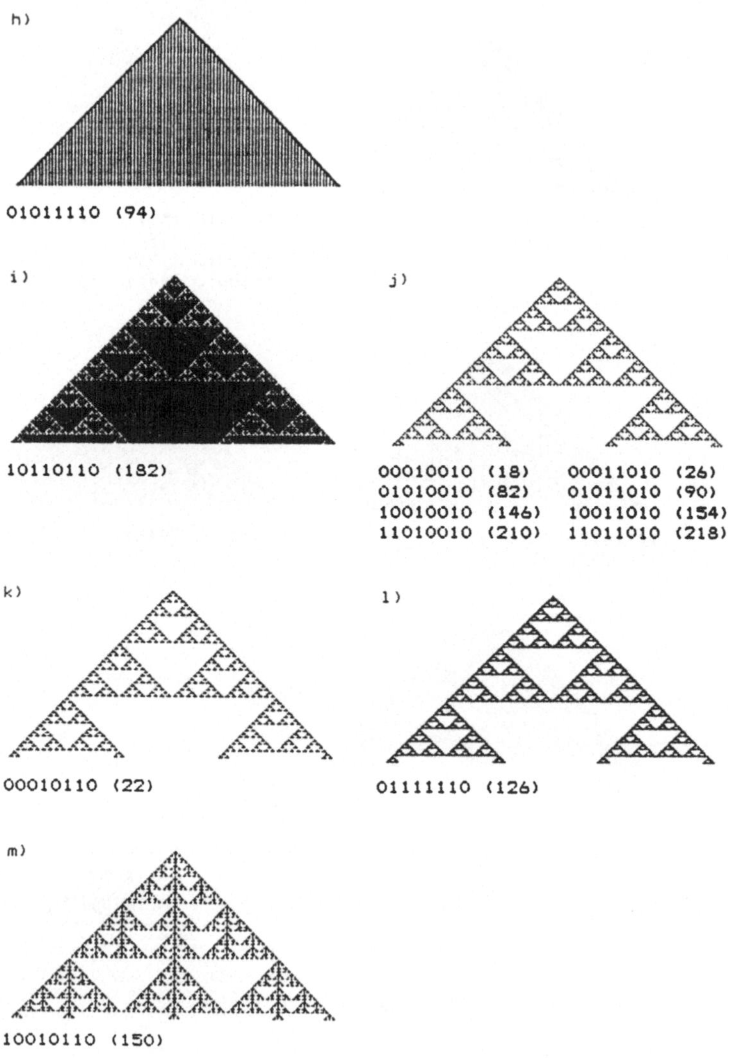

Fig. 15.1 Fortsetzung auf der nächsten Seite

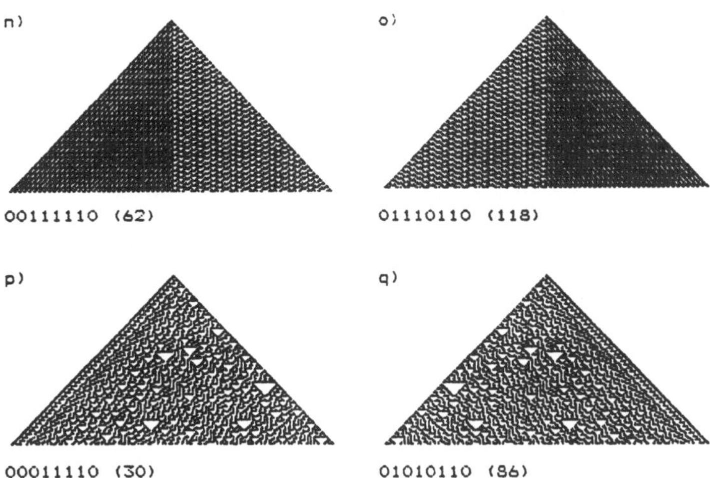

Fig. 15.1 a-q Entwicklung von deterministischen eindimensionalen zellulären Automaten auf Basis aller 32 möglichen Bildungsgesetze. Die Evolution der 0-1-Sequenzen, startend bei einer besetzten Zelle (schwarzer Pixel), ist bis zur 100. Generation dargestellt. Das Bildungsgesetz ist sowohl binär als auch dezimal (in Klammern) unter dem Muster angegeben. Es werden 17 unterschiedliche Muster, von denen 4 spiegelsymmetrisch sind, generiert (Mahnke, Budde, 1986)

Die entsprechend der lokalen Iterationsregel generierten 0–1–Sequenzen ergeben als Evolutionsmuster betrachtet (Fig. 15.1) recht unterschiedliche Strukturen. Um jede Konfiguration eindeutig identifizieren zu können, wird für jedes Bildungsgesetz eine achtstellige Binärzahl und ihre dezimale Darstellung angegeben. Zum Beispiel wurde das in Fig. 15.1 a dargestellte homogene Dreiecksmuster durch die folgende Vorschrift generiert:

$$\left.\begin{array}{l} F(0,0,0)=0 \\ F(0,0,1)=1 \\ F(0,1,0)=1 \\ F(0,1,1)=1 \\ F(1,0,0)=1 \\ F(1,0,1)=0 \\ F(1,1,0)=1 \\ F(1,1,1)=1 \end{array}\right\} \text{Identifikationsnummer der Automaten (Binärzahl)}$$

Dezimalzahl: $0\cdot 2^0+1\cdot 2^1+1\cdot 2^2+1\cdot 2^3+1\cdot 2^4+0\cdot 2^5+1\cdot 2^6+1\cdot 2^7 = 222$

$$\begin{array}{lc} 0. & 1 \\ 1. & 111 \\ 2. & 11111 \\ \vdots & \vdots \\ n. & 11\cdots\cdots 11 \end{array} \qquad \text{homogenes einfaches Muster}$$

Die in diesem Abschnitt generierten zellulären Muster können hinsichtlich ihrer Strukturiertheit untersucht werden. Diese auch als Komplexitätsproblem bekannte Fragestellung hängt eng mit den informationsverarbeitenden Systemen zusammen. Dabei spielt der Begriff *Komplexität* eine zentrale Rolle. Obwohl die Kompliziertheit (Komplexität) von Objekten intuitiv relativ leicht zu erfassen ist, ist es schwieriger, wohlbegründete Regeln zur Berechnung von Komplexitätsmaßen anzugeben. Nach einer Idee von Kolmogorov sind komplizierte Strukturen dadurch charakterisiert, daß sie wenig kompressibel sind, d.h. ihre Speicherplatzkomplexität ist groß. Die folgende Abbildung zeigt ein solches Objekt.

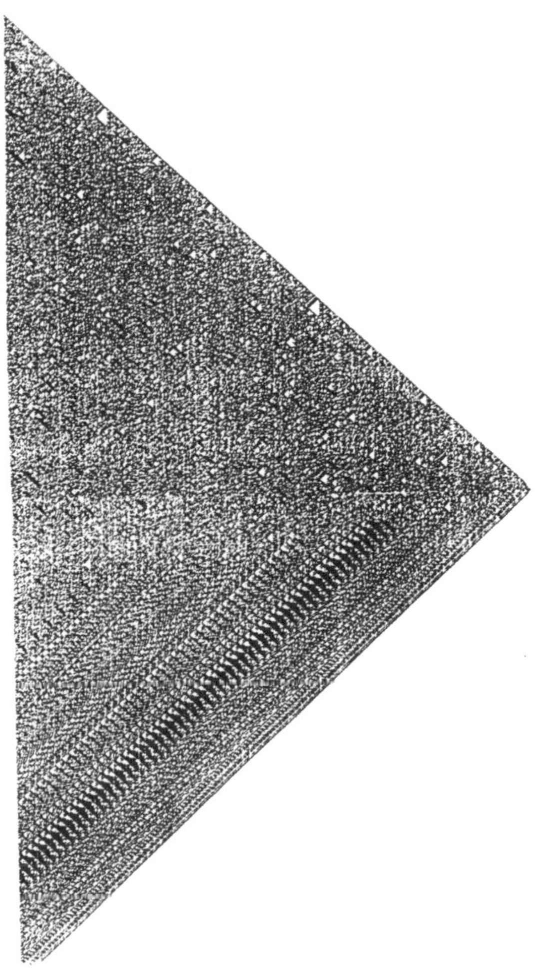

Fig. 15.1 Zellulärer Automat 01010110 (86), generiert bis zum 650. Zeitschritt, vgl. Fig. 15.1 q, zeigt ein überraschendes chaotisches Dreiecksmuster, wobei rechts eine gewisse Regularität entsteht

15.3 Zweidimensionale zelluläre Automaten (Spinautomat)

Nach den eindimensionalen betrachten wir jetzt folgenden zweidimensionalen Zellularautomaten für Spinflips.

Es gilt: Der Spin zur Zeit $t+1$ ist eindeutig bestimmt durch seine Nachbarspins zur Zeit t, d.h. Quadratgitter, ohne Gedächtniseffekt, 4 Nachbarn.

$\Rightarrow$ 16 mögliche Konfigurationen der Nachbarn, z. B.

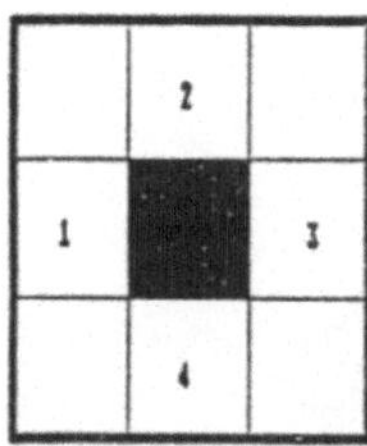

$$a_i = \begin{cases} \uparrow & \text{Spin up} \\ \downarrow & \text{Spin down} \end{cases}$$

Zu jeder Konfiguration kann der Spin in der Mitte entweder nach oben oder nach unten stehen.

$\Rightarrow 2^{16} = 65536$ verschiedene Automaten sind zu untersuchen

Ausgehend von einer Zufallsanfangskonfiguration (zufällige Belegung mit Hälfte $\uparrow$ und Hälfte $\downarrow$) wurden alle Bildungsgesetze analysiert, und zwar nach 30000 Iterationen des Quadratgitters der Größe 64×64 wurde der erhaltene Zustand klassifiziert (nach den Universalitätsklassen von WOLFRAM für eindimensionale Automaten, siehe Abschnitt 15.5).

Resultat:

- ca 2/3 aller Automaten zeigen stationäres (Fixpunkte) oder oszillatorisches Verhalten
- ca 1/3 aller Automaten zeigen chaotisches Verhalten

15.4 Stochastische zweidimensionale zelluläre Automaten und Keimzerfall

Während bei deterministischen zellulären Automaten die Werte aller Zellen gleichzeitig berechnet werden, wird ein *stochastischer zellulärer Automat* durch die zufällige Auswahl einer Zelle und deren Berechnung realisiert. Wenn im Mittel jede Zelle einmal angesprochen wurde, ist ein Zyklus (Monte-Carlo-Schritt, MCS) beendet. In diesem Abschnitt betrachten wir zuerst einen totalitären Automaten (d.h. das Ergebnis hängt nur von der Summe der Werte der Nachbarn ab) zur Simulation des linearen Clusterzerfalls auf einer Ebene (Fig. 15.3 und Fig. 15.4). Die Zerfallsregel lautet:

$$a_{i,j} = \begin{cases} 1, & \text{wenn} \quad a_{i,j}(t) = 1 \quad \text{und} \quad \sum a_{n,m} > Code \\ 0, & \text{wenn} \quad a_{i,j}(t) = 0 \quad \text{oder} \quad \sum a_{n,m} \leq Code \end{cases}$$

Die Summation läuft über alle acht nächsten Nachbarn in einem quadratischen Gitter.

Die Abbildung (Fig. 15.3) zeigt einen zweidimensionalen stochastischen totalitären binären zellulären Automaten erster Ordnung nach 4 Monte-Carlo-Schritten. Ausgehend von einem kreisförmigen Cluster mit einem Radius von $r = 80$ Zellen (Gesamtpixelzahl = 19870, Gesamtrandlänge = 644) ist bei dieser Realisierung nach kurzer Zeit der in der Abbildung gezeigte Zustand (Gesamtpixel = 18888, Gesamtrandlänge = 1978) erreicht. Dabei wurde 40000mal die Zerfallsregel mit $Code = 7$ angewandt. Die fraktale Dimension fiel dabei von $1.9588 \approx 2$ (für eine Fläche) auf den Wert 1.6626.

Die in der folgenden Tabelle angegebene fraktale Dimension wurde mittels

$$\text{frak. Dim.} = \ln P / \ln R \equiv D$$

berechnet, wobci P dic Flächc und R der Rand des Clusters sind. Die in diesem Modell verwendete Fraktale Dimension D ergibt sich aus dem Potenzgesetzt $P \sim R^D$, welches als Durchmesser-Anzahl-Relation bekannt ist.

Fig. 15.3 Simulation des linearen Clusterzerfalls durch einen stochastischen totalitären zellulären Automaten. Die Situation nach 4 Monte-Carlo-Schritten zeigt einen verdampfenden Cluster mit fraktaler Randstruktur (nach Mahnke, 1990)

Zusammenstellung der Daten (Fläche und Rand in Pixel, fraktale Dimension) von den in Fig. 15.4 dargestellten zerfallenden Clustern. Es sind Momentaufnahmen für neun Zeitpunkte ausgewertet worden, jeweils nach $2n$ ($n \leq 6$) Monte-Carlo-Schritten, einschließlich $t = 0$ und $t = 24$ MCS.

MC Schritte	Code 5			Code 6		
	Pixel	Rand	frak.Dim.	Pixel	Rand	frak.Dim.
0 (Start)	2765	244	1.9459	2765	244	1.9459
1	2738	260	1.9219	2728	282	2.8936
2	2708	270	1.9070	2675	328	1.8408
4	2652	282	1.8886	2601	364	1.8036
8	2525	298	1.8617	2381	442	1.7316
16	2300	304	1.8389	1946	464	1.6850
24	2096	284	1.8446	1563	420	1.6765
32	1890	312	1.7964	1179	392	1.6487
64	1054	220	1.8045	174	178	1.5306

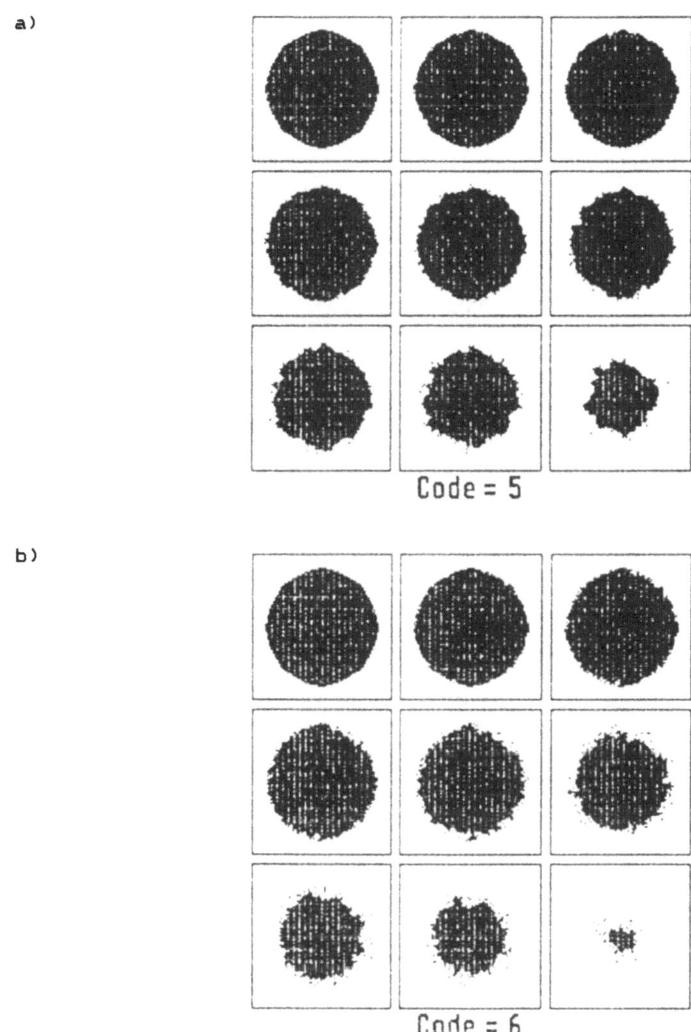

Fig. 15.4 Evolution eines kreisförmigen Clusters bei linearem Zerfallsgesetz für verschiedene Regeln (*Code* = 5 (a); *Code* = 6 (b)) des stochastischen zweidimensionalen zellulären Automaten. Die zugehörigen Daten sind in einer Tabelle zusammengefaßt (nach Mahnke, 1990)

15.5 Universalitätsklassen eindimensionaler zellulärer Automaten

Die bereits im Abschnitt 15.2 eingeführte Abbildung für eindimensionale Automaten

$$a_i(t+1) = F[a_{i-r}(t), a_{i-r+1}(t), \cdots, a_i(t), \cdots, a_{i+r}(t)]$$

mit dem Parameter r (range) als Nachbarschaftssphäre und $a_i(t) \in [0,1,2,\cdots,k-1]$ mit k als Wertevorrat läßt sich schreiben als

$$a_i(t+1) = f\left[\sum_{j=-r}^{+r} \alpha_j a_{i+j}(t)\right]$$

Einfachste Situation: $k = 2$ (binäres Alphabet)
$r = 1$ (nächste Nachbarschaft)

Im allgemeinen üben $2r+1$ Zellen einen Einfluß auf die betrachtete Zelle aus, d. h. nach t Zeitschritten wird ein Gebiet von $1+2rt$ Zellen durch die Ausgangszelle beeinflußt.

Einige Begriffe:

Additive CA: f ist lineare Funktion
Totalitäre CA: f ist lineare Funktion und $\alpha_j = 1$

Null-Konfiguration (Grundzustand): $a_i = 0 \ \forall i$

$F[0,0,\cdots,0] = 0$: Grundzustand bleibt erhalten

$F[a_{i-r},\cdots,a_{i+r}] = F[a_{i+r},\cdots,a_{i-r}]$: Symmetrie-Regel

$\Rightarrow a_{n+i} = a_{n-i}$ für einige n und alle i

Die Analyse von eindimensionalen zelluären Automaten mit einem binären Alphabet $k = 2$ und der der Nachbarschaftsordnung $r = 2$ liefert bei zufällig belegter (halbe/halbe) Ausgangslinie (ungeordnete Anfangsbedingungen) nach WOLFRAM vier Universalitätsklassen

1. Evolution führt zu homogenen Zuständen (Fixpunkte) (Code 60, Fig. 15.5 a)

2. Evolution führt zu einfachen räumlich separierten Mustern, d.h. stabile inhomogene Zustände (Code 56, Fig. 15.5 b)

3. Evolution führt zu chaotischen Mustern, tritt am häufigsten auf (Code 10, Fig. 15.5 c)

4. Evolution führt zu komplexen lokalisierten Strukturen, die eventuell sehr langlebig sind, tritt selten auf (Code 20, Fig. 15.5 d)

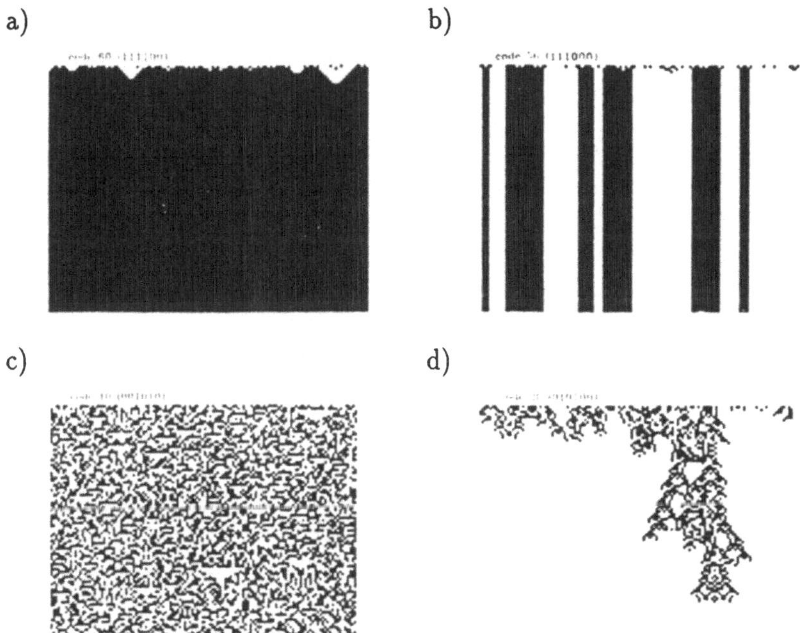

Fig. 15.5 Beispiele eindimensionaler Automaten, die typisch für die vier Universalitätsklassen sind (nach Wolfram, 1984)

Kapitel 16

Spingläser und neuronale Netzwerke

16.1 Spinsysteme

Spingläser untersucht ab ~ 1970

Glas: amorpher Zustand, keine Fernordnung
$\longrightarrow$ kein kristallines Gitter

Paarverteilungsfunktion: Wahrscheinlichkeitsverteilung, zu einem gegebenen Atom am Ort $\vec{r} = 0$ ein zweites an $\vec{r}$ zu finden: $g(\vec{r})$

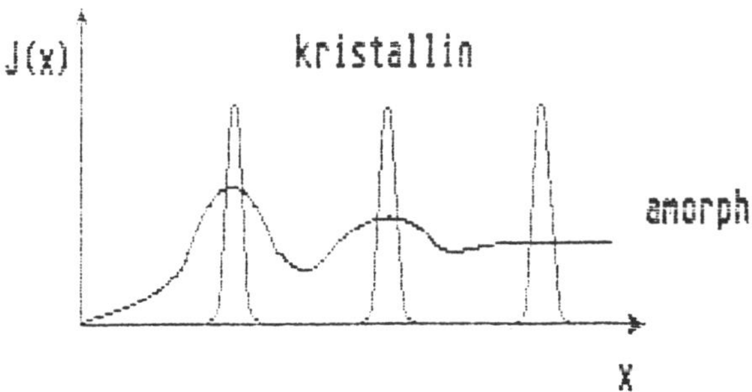

Fig. 16.1 Paarverteilungsfunktion für den kristallinen und amorphen Zustand

Spinsysteme: magnetische Momente (Elektronenspins bei Eisen) $\longrightarrow$ Einstellmöglichkeiten der Spins: Paulische Spinmatrizen

Heisenberg–Modell: Scharfe Messung nur für eine Komponente s_z, andere Komponenten s_x, s_y nicht mehr scharf angebbar

oder: Ising–Modell: nur 2 Möglichkeiten $S_z = \pm 1$ für die Spinvariable möglich

Die Thermodynamik der Spinsysteme ist relativ einfach aus der statistischen Physik herleitbar, da keine Ortsabhängigkeit vorliegt und diskrete Variable verwendet werden. Es sind für die eindimensionale Ising–Kette strenge Lösungen angebbar:

$$\text{Energie: } H = -g\mu_B B \sum_{i=1}^{N} S_i$$

Das gyromagnetische Verhältnis $g\mu_B$ ist hauptsächlich durch den Wert des Bohrschen Magnetons bestimmt. B ist das magnetische Feld.

Gilt für alle Spins $S_i = +1$, d.h. Ausrichtung nach dem äußeren magnetischen Feld, so wird die Energie abgesenkt (Energieminimum).

Unter Berücksichtigung eines Wechselwirkungsterms (Austauschwechselwirkung) lautet die Energie:

$$H = -g\mu_B \sum_{i=1}^{N} S_i - \frac{1}{2} \sum_{i=1}^{N} \sum_{j=1}^{N} J S_i S_j$$

$S_i = +1, S_j = +1$ ist eine günstige Wechselwirkung: $\rightarrow H \rightarrow$ Minimum

In *einer* Dimension: Exakte Lösung für Nächste–Nachbar–Wechselwirkung, kein Phasenübergang in den ferromagnetischen Zustand bei $J_{ij} = J > 0$ und beliebig tiefer Temperatur, keine Fernordnung

In *zwei* Dimensionen: Exakte Lösung nach Onsager existiert, Phasenübergang in den ferromagnetischen Zustand für $J_{ij} = J > 0$ und $T < T_c$ (kritische Temperatur bzw. Curietemperatur), Wert von T_c durch Zahl der nächsten Nachbarn bestimmt (z.B. 4)

In *drei* Dimensionen: Nur Näherungsverfahren, z.B. Molekularfeldnäherung (Umgebung wird durch mittleren Spin $< S_j >$ ersetzt, welcher selbstkonsistent bestimmt werden muß), Phasenübergang in einen ferromagnetischen Zustand für $J_{ij} = J > 0$ und $T < T_c$, Suszeptibilität: Curie–Weiß–Gesetz

$$\chi \sim \frac{1}{T - T_c}$$

Spingläser: Keine Anordnung der Spins auf kristallinem Gitter, damit J_{ij} nicht mehr konstant, sondern vom jeweiligen Abstand der Spins abhängig: $J_{ij} = J(\vec{r}_i - \vec{r}_j)$, kann u.U. auch das Vorzeichen ändern

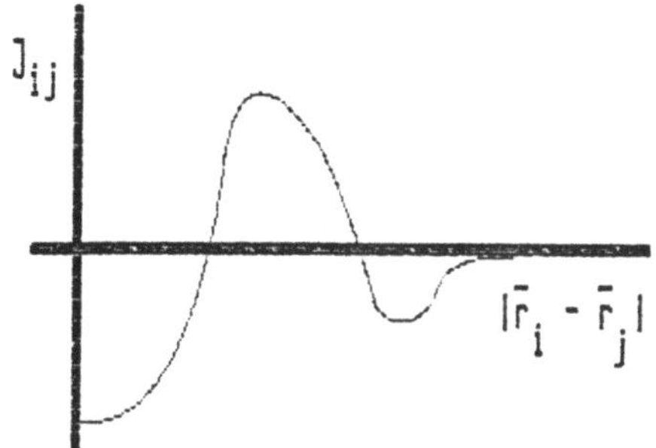

Legierung: Struktur ist kristallin, aber nicht alle Plätze sind von Spins besetzt (z.B. CuMn), stochastische Verteilung der Atome mit Spin, d.h. stochastische Verteilung der magnetischen Momente

Frustration: z.B. antiferromagnetische Wechselwirkung $J_{ij} < 0$

$J < 0$

1–2: antiferromagnetisch

3: ↑ oder ↓ ?

immer eine unbefriedigte Bindung

Amorphe Struktur mit gegebener Funktion $J(r)$

Suche Energieminimum und Grundzustandskonfiguration

Zu allen Konfigurationen (2^N Stück) ist das Energieminimum aufzusuchen. Aus dem Computer wird eine räumliche Struktur ausgewürfelt (amorph) und in einem stochastischem Suchverfahren die Spinverteilung mit der minimalen Energie ermittelt. Ist N groß ($N \sim 100$), so ist das Suchverfahren sehr aufwendig, da viele lokale Minima existieren $\longrightarrow$ Multistabilität.

Beispielsweise können ganze Cluster umklappen ohne großen Energieaufwand, falls sie nicht stark mit Umgebung verkoppelt sind, da sie u.U. große Abstände voneinander haben.

Ordnungsparameter für ferromagnetische Ordnung (Fernordnung):

$< S_i >$, d.h. Mittelwert der Spins $\rightarrow$ Magnetisierung (z.B. $S_i = +1$ überall)

Bei endlicher Temperatur einige Spins "geflipt" bei $T \rightarrow T_c$:
$< S_i > \rightarrow 0$: ganze Fernordnung bricht zusammen

Ordnungsparameter für antiferromagnetische Ordnung:

$$< S_i S_j > = g_{ij} \quad : \quad \text{Korrelationsfunktion}$$

im paramagnetischem Zustand $\lim_{|r_i - r_j| \rightarrow \infty} g_{ij} \rightarrow 0$

Welches ist der Ordnungsparameter für den Spinglas–Zustand?

Mittelung über geometrische Struktür, z.B. Legierung, und thermische Mittelung

$$\lim_{t \rightarrow \infty} \ll S_i(t = 0) S_j(t) \gg \neq 0$$

Spinkonfiguration bleibt für lange Zeiten erhalten, zeitliche Korrelation klingt nicht ab $\rightarrow$ System "vergißt" den Anfangszustand nicht, auch für $t \rightarrow \infty$ gibt es immer noch eine Auswirkung des Zustandes zur Zeit $t = 0$ "Memory–Effekt"

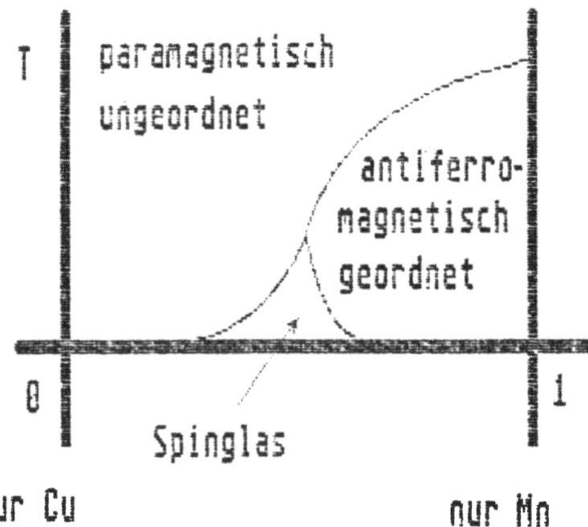

Fig. 16.2 Magnetisches Phasendiagramm

Spingläser zeigen:

- Multistabilität → neuronale Netze
- Zeitkonstanz der Zustände → Speicherung
- Gedächtniseffekt → Lernen

16.2 Neuronale Netze

Leistungen des Gehirns

- Assoziatives Gedächtnis: Gespeicherte Informationen nicht über Adresse genau abrufen, sondern über teilweise gegebene Inhalte → Bilderkennnung
- Lernen: Durch Beispiele, Erfahrungen werden neue Muster erzeugt
- Denken: Verallgemeinerungen, Zusammenhänge

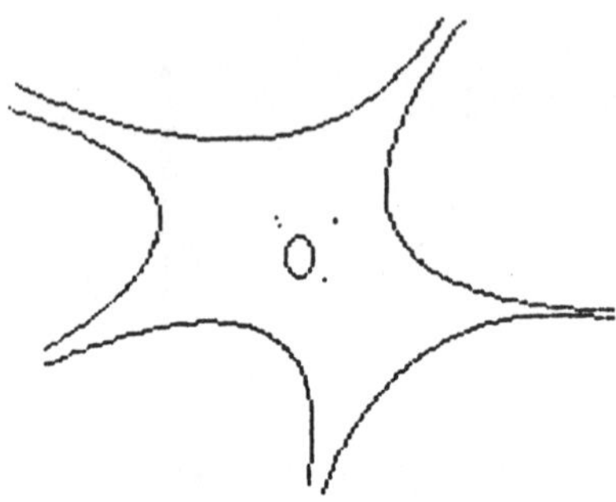

Fig. 16.3 Das Neuron als Grundelement des Gehirns (nach Müller, Reinhardt, 1990)

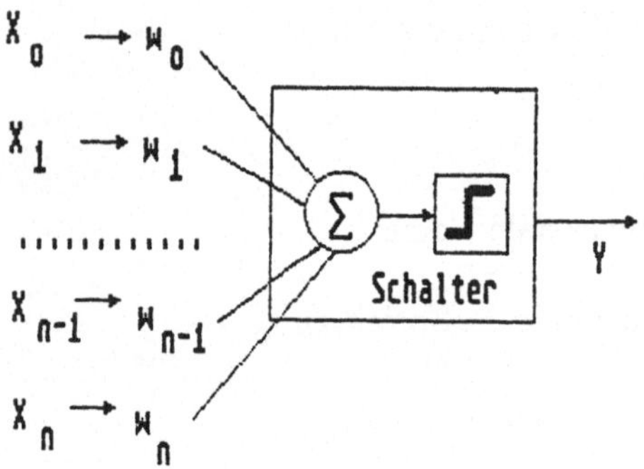

Fig. 16.4 Model eines Neurons mit Schaltelement

Zustand des Neurons: Spineinstellungen S_i von N Spins ($i = 1 \dots N$)

Zeitliche Änderung (Hopfield, 1982): (Diskrete Zeittakte $t = 1, 2, 3, \dots$) Aus Zustand zur Zeit t folgt Zustand für $t + 1$ usw.

$$S_i(t+1) = \text{signum}[h_i(t) - \vartheta_i] \quad \text{(Umschalten)}$$

mit dem synaptisches Potential

$$h_i(t) = \sum_{j=1}^{N} w_{ij} S_j(t)$$

Dieses Potential berücksichtigt die Einwirkung aller anderen Spins durch eine Kopplungsmatrix w_{ij}, die die synaptischen Verschaltungen beschreiben (Austauschwechselwirkung).

Frage: Wohin entwickelt sich das System?

Antwort: Wird durch die synaptischen Koeffizienten w_{ij} bestimmt.

Spingläser:
Viele lokale Minima für Spinkonfigurationen σ_i^μ ($\mu = 1 \dots p$, $i = 1, 2 \dots, N$). Bei kleinen Auslenkungen (Umklappen einzelner Spins) heilen die "Fehlstellen" wieder aus, das System läuft in das Minimum hinein.

Dies kann durch einen Suchprozeß (Hopfield) simuliert werden, Konfiguration stabilisiert sich, Spins klappen immer weiter in Zustände um, die mit dem Feld h_i übereinstimmen, bis Stabilität (lokales Minimum der Energie) erreicht wird. Bessere Strategien (z.B. Suchstrategie mittels "Hamming-Abstand") sind möglich.

Wie müssen die synaptischen Kopplungen w_{ij} gewählt werden, damit spezielle Bilder (Spinkonfigurationen) $\sigma_i^\mu(\mu = 1 \dots p)$ auch wirklich lokale Minima sind?

Antwort gibt die Hebb Regel

$$w_{ij} = \frac{1}{N} \sum_{\mu=1}^{p} \sigma_i^\mu \sigma_j^\mu$$

Wenn nur ein Bild gespeichert ist, z.B. $\sigma_i = +1$ $i = 1, \dots, N$) (ferromagnetische Kopplung), läuft jeder Ausgangszustand in diese ferromagnetische Ordnung hinein.

Frage: Wie viele Bilder p lassen sich mit N Spins speichern, damit die einzelnen Minima stabil bleiben?

Antwort: $p/N < 0.14$, sonst verlieren einzelne gespeicherte Bilder σ_i^μ ihre Stabilität.
Wenn die Zahl der gespeicherten Bilder p größer als 14% der Neuronenzahl N ist, dann ist keine Konvergenz mehr zu den Minima des

Potentials garantiert.

Also: Durch eine geeignet gewählte Verteilung der synaptischen Kopplungen w_{ij} lassen sich verschiedene Bilder (als Minimum der "Energie") in einem Spinsystem speichern. Die Verteilung $-1 < w_{ij} < +1$ der Kopplungen entspricht einem Spinglas, viele Konfigurationen sind annähernd stabil (lokales Minimum).

Bilderkennung und assoziatives Gedächtnis:
Wenn die w_{ij} fixiert sind (damit auch die stabilen Zustände des Spinglases), kann von einem Ausgangszustand $S_i(t=0)$ (dargestelltes Bild) des "ähnlichste" Bild σ_i^λ aufgesucht werden, innere Dynamik etwa durch die Bedingung. daß die Energie immer (fast immer) kleiner werden soll und damit eine Konfiguration des Spinglases, die durch die w_{ij} vorgegeben ist, angestrebt wird. $S_i(t) \to \sigma_i^\lambda$, indem einzelne Spins umklappen, bis "stationäre" Lösung erreicht wird (Attraktor der Netzwerk-Dynamik). Bessere Suchstrategien ziehen auch gelegentlich ungünstige Konfigurationen in Betracht.
$\longrightarrow$ Zur Bilderkennung existieren bereits viele Computerprogramme.

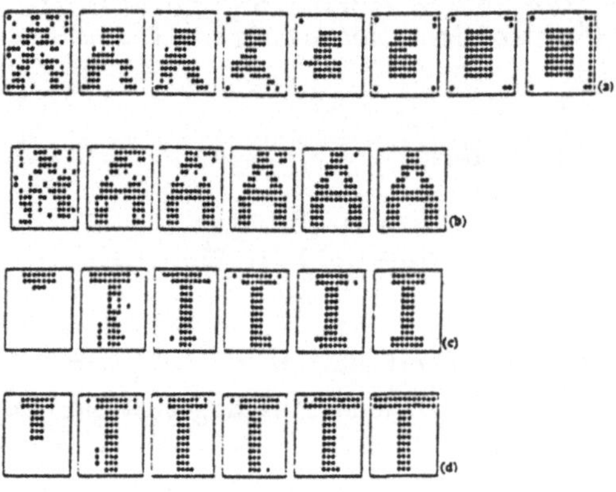

Fig. 16.5 Numerisches Experiment über das Ausheilen und Nichtausheilen von Fehlern (zu 50% zerstörtes A bzw. I als Startkonfiguration) in einem Netzwerk, dem 26 Buchstaben als Minima eingeprägt wurden (Müller, Reinhardt, 1990)

Lernen:
Neue Bilder werden gespeichert, indem die synaptischen Kopplungen w_{ij} modifiziert werden oder indem die Schwellen h_i (gewöhnlich $= 0$) modifiziert werden
→ zeitliche Änderung der w_{ij}
→ wenn häufig aktiviert wird, prägt sich ein bestimmtes Bild S_i ein,
→ σ_i^μ, synaptische Kopplungen stabilisieren sich mit der Zeit
→ spezielle Vorschriften, die die zeitliche Änderung der w_{ij} erzeugen.
Probleme der Bilderkennung sind gegenwärtig ein aktives Feld der Informatikforschung an der Schwelle zu einer Vielzahl konkreter Anwendungen.

Literaturverzeichnis

Auswahl ergänzender und weiterführender Bücher und Artikel

Lehrbücher und Monographien

L. von Bertalanffy, W. Beier, R. Laue: Biophysik des Fließgleichgewichts, Berlin, 1977

W. Ebeling: Strukturbildung bei irreversiblen Prozessen, Teubner - Verlag, Leipzig, 1976

W. Ebeling: Chaos, Ordnung und Information, Urania - Verlag, Leipzig, 1989

W. Ebeling, R. Feistel: Physik der Selbstorganisation und Evolution, Akademie - Verlag, Berlin, 1982

R. Feistel, W. Ebeling: Evolution of Complex Systems, Deutscher Verlag der Wissenschaften, Berlin, 1989

H. Haken: Synergetik - Eine Einführung, 1. Auflage, Springer - Verlag, 1982

G. Jetschke: Mathematik der Selbstorganisation, Deutscher Verlag der Wissenschaften, Berlin, 1989

D. Leuschner, Thermodynamik in der Biologie, Akademie - Verlag, Berlin, 1989

R. Mahnke, A. Budde, G. Röpke: Lehrmaterial zur Einführung in die Theorie dynamischer Systeme, Universität Rostock, 1988

B.B. Mandelbrot: Die fraktale Geometrie der natur, Akademie–Verlag. Berlin 1987

R. M. May: Stability and Complexity in Model Ecosystems, Princeton, New Jersey, 1973

B. Müller, J. Reinhardt: Neural Networks. An Introduction, Springer - Verlag, 1990

H.O. Peitgen, P.H. Richter: The beauty of fractals, Springer, 1986

G. Röpke: Statistische Mechanik für das Nichtgleichgewicht, Deutscher Verlag der Wissenschaften, Berlin, 1987

H. Scheffler, H. Elsässer: Physik der Sterne und der Sonne, BI–Wissenschaftsverlag, Mannheim, 2. Auflage, 1990

J. Schmelzer: Repetitorium der klassischen theoretischen Physik, Aula - Verlag, Wiesbaden, 1992

H. G. Schuster: Deterministic Chaos - An Introduction, 2. Auflage, VCH Verlagsgesellschaft, Weinheim, 1989

H. Siedentopf: Grundriß der Astrophysik, Wiss. Verlagsgesellschaft, Stuttgart, 1950

J. M. Smith: Models in Ecology, Cambridge, 1974

W.-H. Steeb, A. Kunick: Chaos in dynamischen Systemen, 2. Auflage, BI–Wissenschaftsverlag, Mannheim, 1989

A. Unsöld, B. Baschek: Der neue Kosmos, Springer - Verlag, 1. Auflage, 1966, 5. Auflage, 1991

H. Völz: Computer und Kunst, Urania - Verlag, Leipzig, 1988

St. Weinberg: Die ersten drei Minuten. Der Ursprung des Universums, Dt. Taschenbuch Verlag, 1. Auflage, 1980

Literatur zu speziellen Problemen bzw. Abbildungen

U. Backhaus, H. J. Schlichting: Ein Karussel mit chaotische Möglichkeiten, Praxis der Naturwissenschaften - Physik **36**, H.7 (1987) S. 14

M. V. Berry: Regular and Irregular Motion, In: AIP Conference Proceedings, Vol. 46, Am. Inst. Phys., New York, 1978

A. Bohr, B. R. Mottelson: Struktur der Atomkerne, Akademie - Verlag, Berlin, 1975

W. Ebeling, Y. L. Klimontovich: Selforganisation and Turbulence in Liquids, Teubner - Texte zur Physik, Bd. 2, Teubner - Verlag, Leipzig, 1984

K. Jaeckel, H. J. Schellnhuber: Exemplarische Darstellung des aktuellen Paradigmaverhalten innerhalb der Mechanik, Praxis der Naturwissenschaften - Physik **35**, H. 5 (1986) S. 41

B. S. Kerner, W. W. Osipov JETF (UdSSR) **74**, 1675 (1978)

R. Kippenhahn, A. Weigert: Stellar Structure and Evolution, Springer - Verlag, 1990

J. Laskar, Nature **338**, 237 (1989)

R. Mahnke: Zur Evolution in nichtlinearen dynamischen Systemen, Habilarbeit, Universität Rostock, 1990

R. Mahnke, A. Budde: Pattern Formation by Cellular Automata, Syst. Anal. Model. Simul., 1992

J. Möller, J. Schmelzer: Dynamical Behaviour of an Unsymmetrically Coupled Logistic Map, In: Models of Self-Organization in Complex Systems MOSES (Eds. W. Ebeling, M. Peschel, W. Weidlich), Akademie - Verlag, Berlin, 1991, S. 172

M. Oberth: Fraktale Charakterisierung von mikrobiologischen Zellverbänden und theoretische Modellierung - Vergleich mit anorganischen Aggregationsprozessen, Dissertation, Bielefeld, 1991

C. E. Rolfs, W. S. Rodney: Cauldrons in the Cosmos - Nuclear Astrophysics, University of Chicago Press, 1988

Ju. M. Romanovsky, V. V. Stepanova, D. S. Chernavsky: Kinetische Modelle in der Biophysik, Jena, 1974

G. Röpke: Phys. Letters B, **185**(1987)

J. Schmelzer: Zur Koexistenz von Sorten in der nichtlinearen Kinetik homogener Konkurrenzreaktionen, Dissertation, Universiät Rostock, 1979

H.-J. Scholz: Planetenbahnen in Doppelsternsystemen, Praxis der Naturwissenschaften - Physik, **36**, Heft 7 (1987), S. 10

G. R. Stewart, Nature **335**, 496 (1988)

E. Stugren: Grundlagen der allgemeinen Ökologie, Jena, 1974

G. J. Sussman, J. Wisdom, Science **241**, 433 (1988)

H. Ulbricht, J. Schmelzer, R. Mahnke, F. Schweitzer: Thermodynamics of Finite Systems and the Kinetics of First-Order Phase Transitions, Teubner - Texte zur Physik, Bd. 17, Teubner - Verlag, Leipzig, 1988

F. Verhulst: Nonlinear Differential Equations and Dynamical Systems, Springer - Verlag, 1990

M. Waldor: Grenzflächen: Analytische Resultate und Molekulardynamik - Simulationen, Dissertation, Universität Köln, 1989

St. Wolfram: Physica **10D** (1984)

Sachverzeichnis